중등수학 개념으로 한번에 내신 대비까지!

정수와 유리수

개념이 먼저다 ①

안녕~ 만나서 반가워!
지금부터 정수와 유리수
공부 시작!

책의 구성과 특징

책 소개를 해 줄게.
이렇게 활용해 봐~

1 단원 소개

이 단원에서 배울 내용을
간단히 알 수 있어.
그냥 넘어가지 말고 꼭 읽어 봐!

2 개념 설명, 개념 익히기

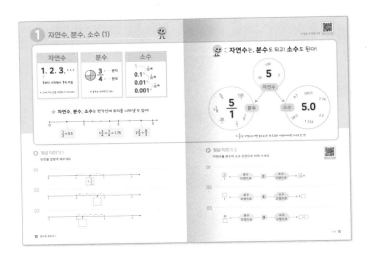

꼭 알아야 하는 중요한 개념이
여기에 들어있어.
꼼꼼히 읽어 보고, 개념을 익힐 수 있는
문제도 풀어 봐!

3 개념 다지기, 개념 마무리

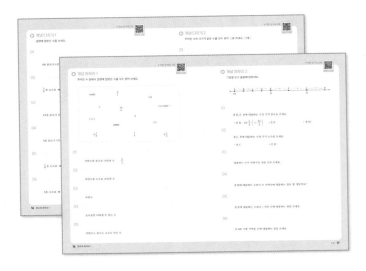

배운 개념을 문제를 통하여 우리 친구의
것으로 완벽히 만들어주는 과정이야.
아주아주 좋은 문제들로만 엄선했으니까
건너뛰는 부분 없이 다 풀어봐야 해~

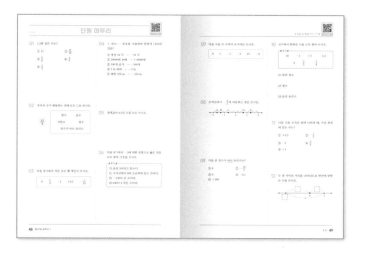

4 단원 마무리

한 단원이 끝날 때 얼마나
잘 이해했는지 스스로 확인해 봐~

서술형 문제도 있으니까
진짜 시험이다~ 생각하면서 풀면,
학교 내신 대비도 할 수 있어!

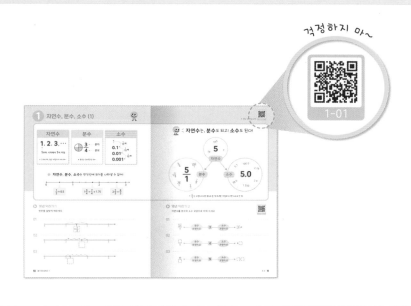

걱정하지 마~

1-01

★ QR코드

매 페이지 구석구석에
개념 설명과 문제 풀이 강의가
QR코드로 들어있다구~

혼자 공부하기 어려운 친구들은
QR코드를 스캔해 봐!

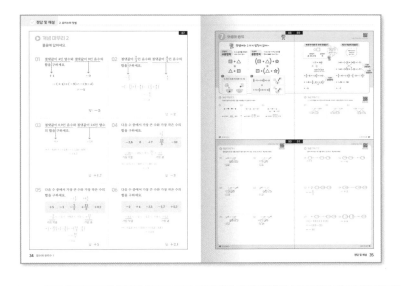

★ 친절한 해설

바로 옆에서 선생님이 설명해주는
것처럼 작은 과정 하나도 놓치지 않고
자세하게 풀이를 담았어.

틀린 문제의 풀이를 보면
정확히 어느 부분에서 틀렸는지
쉽게 알 수 있을 거야~

My study scheduler
학습 스케줄러

1. 수

1. 자연수, 분수, 소수 (1)	2. 자연수, 분수, 소수 (2)	3. 0보다 작은 수	4. 수직선
___월 ___일	___월 ___일	___월 ___일	___월 ___일
성취도 : ☺ ☺ ☹	성취도 : ☺ ☺ ☹	성취도 : ☺ ☺ ☹	성취도 : ☺ ☺ ☹

2. 유리수의 덧셈

1. +와 -의 의미	2. 덧셈의 의미	3. 같은 부호끼리의 합	4. 수직선에서 더하기
___월 ___일	___월 ___일	___월 ___일	___월 ___일
성취도 : ☺ ☺ ☹	성취도 : ☺ ☺ ☹	성취도 : ☺ ☺ ☹	성취도 : ☺ ☺ ☹

3. 유리수의 뺄셈

1. 빼기는 더하기와 반대 (1)	2. 빼기는 더하기와 반대 (2)	3. 바둑돌로 빼기	4. 유리수의 덧셈, 뺄셈
___월 ___일	___월 ___일	___월 ___일	___월 ___일
성취도 : ☺ ☺ ☹	성취도 : ☺ ☺ ☹	성취도 : ☺ ☺ ☹	성취도 : ☺ ☺ ☹

학습한 날짜와 중요한 내용을 메모해 두고,
스스로 성취도를 표시해 봐!

1. 수

5. 절댓값	6. 정수와 유리수	7. 양수와 음수의 의미	▷ 단원 마무리
___월 ___일	___월 ___일	___월 ___일	___월 ___일
성취도 : ☺ ☹ ☹	성취도 : ☺ ☹ ☹	성취도 : ☺ ☹ ☹	성취도 : ☺ ☹ ☹

2. 유리수의 덧셈

5. 바둑돌로 더하기	6. 부호가 다른 두 수의 합	7. 덧셈의 법칙	▷ 단원 마무리
___월 ___일	___월 ___일	___월 ___일	___월 ___일
성취도 : ☺ ☹ ☹	성취도 : ☺ ☹ ☹	성취도 : ☺ ☹ ☹	성취도 : ☺ ☹ ☹

3. 유리수의 뺄셈

5. 분수와 소수의 덧셈, 뺄셈	6. 식을 간단히 하기	7. 괄호가 없는 식의 계산	8. 여러 수의 덧셈, 뺄셈	▷ 단원 마무리
___월 ___일	___월 ___일	___월 ___일	___월 ___일	___월 ___일
성취도 : ☺ ☹ ☹	성취도 : ☺ ☹ ☹	성취도 : ☺ ☹ ☹	성취도 : ☺ ☹ ☹	성취도 : ☺ ☹ ☹

수의 체계

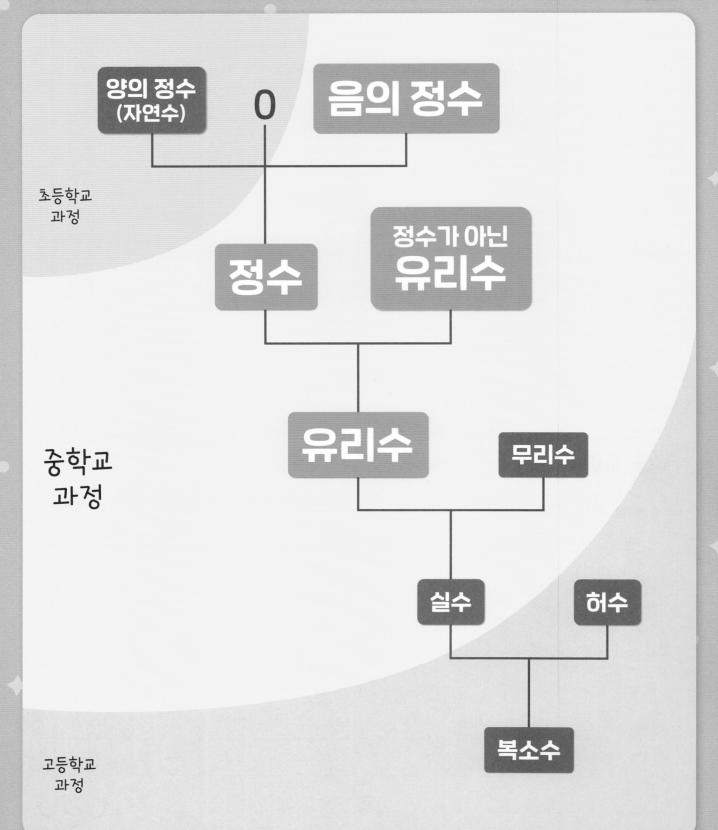

차 례

1 수

이번 단원에서 배울 내용

자연수 ✓

분수 ✓

소수 ✓

지금까지
배운 수!

이 단원에서는

자연수, 분수, 소수 이외에

새로운 수에 대해 배웁니다.

우리가 잘 알고 있는 자연수를 정수로 확대하고,

분수와 소수를 유리수로 확대합니다.

자, 그럼 우리가 잘 알고 있는 자연수, 분수, 소수에 대한

내용부터 정리해 보도록 할게요~

1 자연수, 분수, 소수 (1)

자연수	분수	소수
1, 2, 3, … ↑ **1**부터 시작해서 **1**씩 커짐 ＊ 그러니까, 0은 자연수가 아니야~	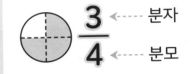 $\dfrac{3}{4}$ ⟵ 분자 ⟵ 분모 ＊ 분모는 0이면 안 돼~	1 ⤳ $\frac{1}{10}$ 배 0.1 ⤳ $\frac{1}{10}$ 배 0.01 ⤳ $\frac{1}{10}$ 배 0.001

★ **자연수, 분수, 소수**는 반직선에 위치를 나타낼 수 있어!

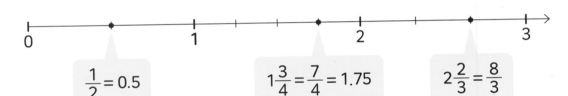

$\dfrac{1}{2} = 0.5$　　　$1\dfrac{3}{4} = \dfrac{7}{4} = 1.75$　　　$2\dfrac{2}{3} = \dfrac{8}{3}$

▶ 개념 익히기 1

빈칸을 알맞게 채우세요.

01

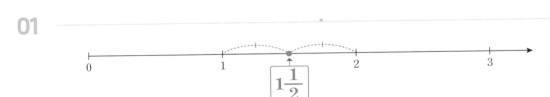

$1\dfrac{1}{2}$

02

03

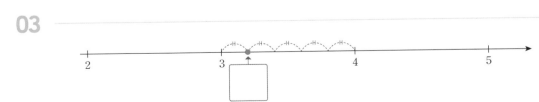

자연수는, 분수도 되고! 소수도 된다!

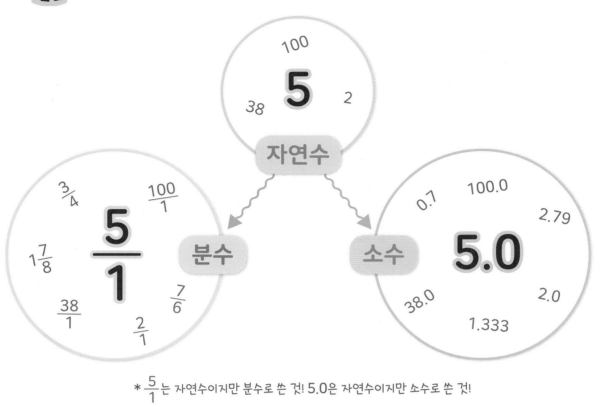

* $\frac{5}{1}$ 는 자연수이지만 분수로 쓴 것! 5.0은 자연수이지만 소수로 쓴 것!

▶ 개념 익히기 2

자연수를 분수와 소수 모양으로 바꿔 쓰세요.

01

$\frac{\boxed{3}}{1}$ ← 분수 모양으로 — 3 — 소수 모양으로 → $\boxed{3}$.0

02

$\frac{\boxed{}}{1}$ ← 분수 모양으로 — 4 — 소수 모양으로 → 4.$\boxed{}$

03

$\frac{45}{\boxed{}}$ ← 분수 모양으로 — 9 — 소수 모양으로 → $\boxed{}$.$\boxed{}$

2 자연수, 분수, 소수 (2)

소수를 분수로 바꾸는 방법		분수를 소수로 바꾸는 방법

분모를 10, 100, 1000, … 으로 만들어 봐~

$$\smile.\boxed{} = \frac{\text{WW}}{10}$$

(소수 한 자리 수)

$$\frac{\boxed{}}{2} \begin{array}{l} \times 5 \\ \times 5 \end{array} \qquad \frac{\boxed{}}{5} \begin{array}{l} \times 2 \\ \times 2 \end{array}$$

$$\smile.\boxed{}\boxed{} = \frac{\text{WW}}{100}$$

(소수 두 자리 수)

$$\frac{\boxed{}}{4} \begin{array}{l} \times 25 \\ \times 25 \end{array} \qquad \frac{\boxed{}}{25} \begin{array}{l} \times 4 \\ \times 4 \end{array}$$

$$\frac{\boxed{}}{20} \begin{array}{l} \times 5 \\ \times 5 \end{array} \qquad \frac{\boxed{}}{50} \begin{array}{l} \times 2 \\ \times 2 \end{array}$$

$$\smile.\boxed{}\boxed{}\boxed{} = \frac{\text{WW}}{1000}$$

(소수 세 자리 수)

$$\frac{\boxed{}}{8} \begin{array}{l} \times 125 \\ \times 125 \end{array} \qquad \frac{\boxed{}}{125} \begin{array}{l} \times 8 \\ \times 8 \end{array}$$

$$\frac{\boxed{}}{40} \begin{array}{l} \times 25 \\ \times 25 \end{array} \qquad \frac{\boxed{}}{250} \begin{array}{l} \times 4 \\ \times 4 \end{array}$$

▶ 개념 익히기 1

분수는 소수로, 소수는 분수로 바꾸어 쓰세요.

01

$$\frac{2}{5}$$

➡ 0.4

02

0.31

➡

03

$$\frac{4}{25}$$

➡

이때까지 배운

분수는 ∼∼∼→ 소수로 바꿀 수 있고,

소수는 ∼∼∼→ 분수로 바꿀 수 있었지!

그럼

분수 와 소수 는

항상

바꿔 쓸 수 있을까?

아니야!

모든 **분수**는 **소수**로 바꿀 수 있어!

$$\frac{1}{3} = 1 \div 3 = 0.3333\cdots$$

$$
\begin{array}{r}
0.333\cdots \\
3\overline{)1.000} \\
9 \\
\hline
10 \\
9 \\
\hline
10 \\
9 \\
\hline
1 \\
\vdots
\end{array}
$$

하지만,
모든 **소수**를 **분수**로 바꿀 수 있는 것은 아니야!

예   원주율
3.14159265 ⋯ ➡ 분수로
못 바꿈!

▶ 개념 익히기 2

주어진 수가 해당하는 것에 V표 하세요.

01

$$\frac{2}{1}$$

자연수 ☑
분수 ☑
소수 ☐

02

$$\frac{8}{7}$$

자연수 ☐
분수 ☐
소수 ☐

03

3.141592⋯

자연수 ☐
분수 ☐
소수 ☐

▶ 개념 다지기 1

설명에 알맞은 수를 쓰세요.

01

9를 분모가 1인 분수로 ➡ $\dfrac{9}{1}$

02

$\dfrac{5}{8}$를 소수로 ➡

03

4.8을 분모가 10인 분수로 ➡

04

0을 분모가 5인 분수로 ➡

05

$\dfrac{1}{9}$을 소수로 ➡

06

6을 소수로 ➡

▶ 개념 다지기 2

주어진 수와 크기가 같은 수를 모두 찾아 ○표 하세요. (2개)

01

| 1.5 | $1\frac{1}{2}$ | $\frac{3}{2}$ | $\frac{2}{3}$ | $\frac{2}{5}$ |

02

| 4 | $\frac{8}{2}$ | $\frac{1}{4}$ | 4.0 | 0.8 |

03

| $\frac{6}{3}$ | 0.2 | 2.0 | $\frac{1}{2}$ | $\frac{10}{5}$ |

04

| 0 | $\frac{0}{3}$ | 0.0 | $\frac{1}{1}$ | $\frac{1}{0}$ |

05

| 0.25 | $\frac{25}{100}$ | 25 | $\frac{1}{4}$ | 0.025 |

06

| $\frac{1}{5}$ | 0.5 | $\frac{2}{10}$ | 0.2 | $\frac{5}{1}$ |

▶ 개념 마무리 1

주어진 수 중에서 설명에 알맞은 수를 모두 찾아 쓰세요.

$$
\begin{array}{cccc}
0.001 & \dfrac{5}{1} & & 7.0 \\[3mm]
2 & \dfrac{54}{6} & & 3.141592\cdots \\[3mm]
1.111 & & 0 & \\[1mm]
& 10000 & & 4.5 \\[3mm]
9\dfrac{3}{8} & & \dfrac{7}{4} & 6\dfrac{1}{2}
\end{array}
$$

01

자연수를 분수로 나타낸 수　　$\dfrac{5}{1}$,

02

자연수를 소수로 나타낸 수

03

자연수

04

소수로만 나타낼 수 있는 수

05

자연수도 분수도 소수도 아닌 수

▶ 개념 마무리 2

그림을 보고 물음에 답하세요.

01

점 B, F, H에 대응하는 수를 각각 분수로 쓰세요.

· 점 B: $10\frac{1}{4}\left(=\frac{41}{4}\right)$ · 점 F: · 점 H:

02

점 C, D에 대응하는 수를 각각 소수로 쓰세요.

· 점 C: · 점 D:

03

대응하는 수가 자연수인 점을 모두 쓰세요.

04

점 B에 대응하는 수보다 큰 자연수에 대응하는 점은 몇 개일까요?

05

점 E에 대응하는 수보다 1 작은 수에 대응하는 점을 쓰세요.

06

11.4와 가장 가까운 수에 대응하는 점을 쓰세요.

3 0보다 작은 수

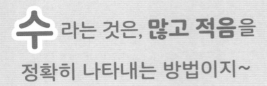 라는 것은, **많고 적음**을 정확히 나타내는 방법이지~

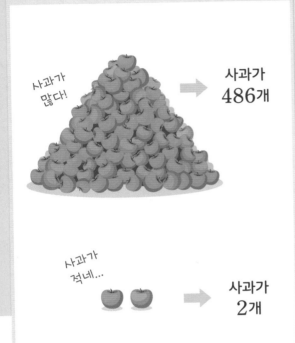

사과가 많다! → 사과가 486개

사과가 적네... → 사과가 2개

그런데, 수는 ... **보이지 않는 정도**를 나타낼 수 있어!

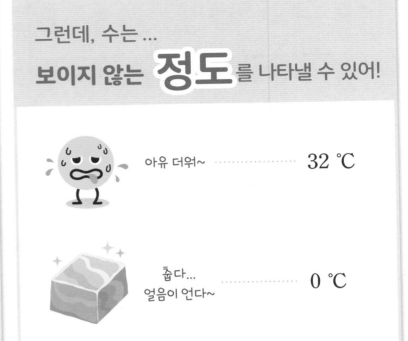

아유 더워~ ········ 32 ℃

춥다... 얼음이 언다~ ········ 0 ℃

엄~청 추위! ········

0 ℃보다 더 낮은 온도도 수로 표현할 수 있을까?

▶ 개념 익히기 1

문장을 읽고 수를 찾아 ○표 하세요.

01

세뱃돈으로 5000원을 받았습니다.

02

작년보다 물가가 12 % 올랐습니다.

03

주차장은 지하 3층에 있습니다.

0보다 더 작은 수를 만드는 방법

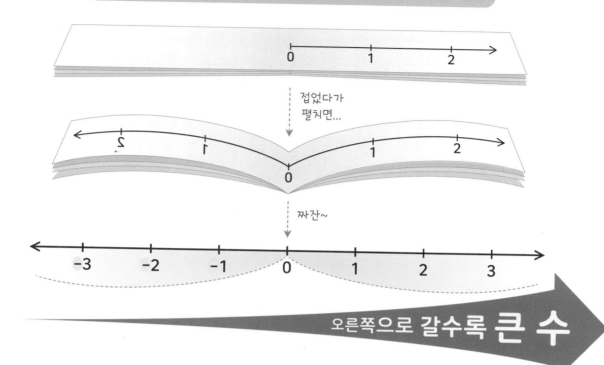

접었다가
펼치면...

짜잔~

오른쪽으로 갈수록 **큰 수**

··· < **-3** < **-2** < **-1** < 0 < 1 < 2 < 3 < ···

* 0보다 작은 수는 수 앞에 부호 '**−**'를 붙여 쓰고, '**음의**' 또는 '**마이너스**'라고 읽어!

예 −3 : 음의 3 , 마이너스 3

▶ 개념 익히기 2

주어진 수를 바르게 읽은 것에 V표 하세요.

01

    −0.5

음의 0.5 ☑
왼쪽 0.5 ☐

02

    −7

7 마이너스 ☐
마이너스 7 ☐

03

    −4

음의 4 ☐
빼기 4 ☐

▶ 개념 다지기 1

각 그림에서 **눈금 한 칸의 크기가 같을 때**, 빈칸을 알맞게 채우세요.

01

02

03

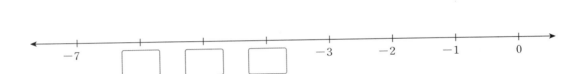

04

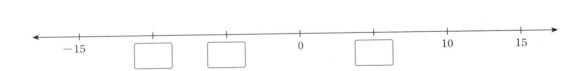

05

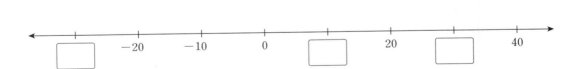

06

▶ 개념 다지기 2

눈금 한 칸의 크기를 1이라고 할 때, 그림에 두 수를 표시하고 ○ 안에 >, <를 알맞게 쓰세요.

01

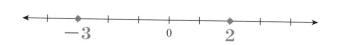

2 ⟩ −3

02

−4 ○ 2

03

−1 ○ −7

04

−2 ○ −6

05

−5 ○ 3

06

−3 ○ −4

▶ 개념 마무리 1

부등호를 사용하여 주어진 수의 크기를 비교하세요.

01

	8	
-1		0

$$-1 < 0 < 8$$

02

3		-10
	5	

03

	-7	
-6		-11

04

-20		0
-2		1

05

-100		4
-3		36

06

9	-8	2
	7	-6

▶ 개념 마무리 2

알맞은 수를 찾아 ○표 하세요.

01

가장 큰 수

| −100 | −3 | −2 | 3 | −18 |

02

가장 작은 수

| −16 | −4 | 0 | −35 | 134 |

03

세 번째로 큰 수

| −50 | −2 | 1 | 3 | −10 |

04

두 번째로 작은 수

| 0 | −43 | 6 | 3 | −19 |

05

네 번째로 큰 수

| −1 | −200 | 9 | 1 | 0 |

06

세 번째로 작은 수

| 1 | −4 | −63 | −3 | −8 |

4 수직선

★ 수직선(number line) : 수를 대응시킨 직선

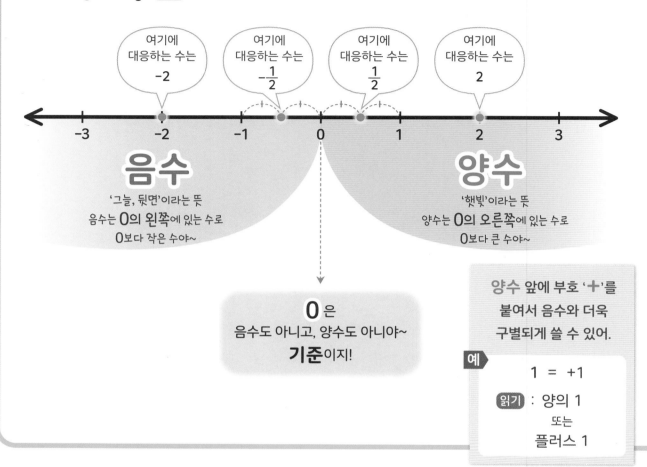

여기에 대응하는 수는 -2

여기에 대응하는 수는 $-\frac{1}{2}$

여기에 대응하는 수는 $\frac{1}{2}$

여기에 대응하는 수는 2

음수

'그늘, 뒷면'이라는 뜻
음수는 0의 왼쪽에 있는 수로
0보다 작은 수야~

양수

'햇빛'이라는 뜻
양수는 0의 오른쪽에 있는 수로
0보다 큰 수야~

0은
음수도 아니고, 양수도 아니야~
기준이지!

양수 앞에 부호 '＋'를
붙여서 음수와 더욱
구별되게 쓸 수 있어.

예 ▶

$$1 = +1$$

읽기 : 양의 1
또는
플러스 1

▶ 개념 익히기 1

주어진 양수에 ＋ 부호를 붙여서 나타내세요.

01

$$\frac{4}{17} = +\frac{4}{17}$$

02

$$1.18 =$$

03

$$52 =$$

수직선 위의 점에 대응하는 수 찾기

점은 주로 알파벳 대문자로 나타내!

원점이라고 부르고, 알파벳 **O**로 표시해! (원점: Origin)

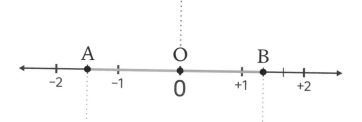

점 O에서 왼쪽으로 $1\frac{1}{2}$ 만큼

$A : -1\frac{1}{2} = -\frac{3}{2} = -1.5$

점 O에서 오른쪽으로 $1\frac{1}{3}$ 만큼

$B : +1\frac{1}{3} = +\frac{4}{3}$

수를 수직선 위의 점에 대응시키기

$$-\frac{5}{4}$$

점 O의 왼쪽으로

$\frac{5}{4}$ 만큼!
=
$1\frac{1}{4}$

이렇게 대분수로 바꾸면 위치 찾기가 편해!

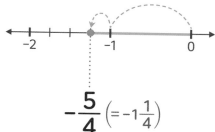

$-\frac{5}{4}\left(=-1\frac{1}{4}\right)$

▶ **개념 익히기 2**

수직선을 보고 알맞은 점을 쓰세요.

01

대응하는 수가 양수인 점

점 D

02

대응하는 수가 음수인 점

03

대응하는 수가 양수도 음수도 아닌 점

▶ 개념 다지기 1

알맞은 수를 모두 찾아 ○표 하세요.

01 음수

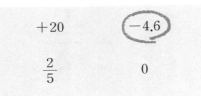

$$+20 \qquad \boxed{-4.6}$$

$$\frac{2}{5} \qquad 0$$

02 자연수

$$+\frac{9}{1} \qquad -3$$

$$3 \qquad -4.6$$

03 양수

$$0 \qquad +2.4$$

$$\frac{2}{5} \qquad -\frac{1}{9}$$

04 −1보다 큰 수

$$-13 \qquad 0$$

$$-9 \qquad -\frac{1}{7}$$

05 −3보다 큰 음수

$$-1.2 \qquad -4.6$$

$$\frac{1}{3} \qquad -2$$

06 −2보다 작은 수

$$1 \qquad +4.3$$

$$-2.5 \qquad -\frac{5}{3}$$

▶ 개념 다지기 2

빈칸을 알맞게 채우고, 수에 대응하는 점을 수직선에 나타내세요.

01

$$-\frac{19}{4} = -4\boxed{3}\frac{3}{4}$$

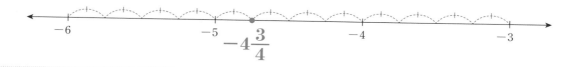

02

$$+\frac{3}{2} = +1\boxed{}\frac{\square}{2}$$

03

$$-\frac{8}{3} = -2\boxed{}\frac{\square}{3}$$

04

$$-\frac{7}{4} = -1\boxed{}\frac{\square}{4}$$

05

$$+\frac{13}{5} = +2\boxed{}\frac{\square}{5}$$

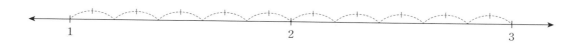

06

$$-\frac{33}{7} = -4\boxed{}\frac{\square}{7}$$

▶ 개념 마무리 1

수에 대한 설명으로 옳은 것에 ○표, 틀린 것에 ×표 하세요.

01

0보다 작은 수는 양수입니다. (×)

02

3은 0보다 큰 음수입니다. (　　　)

03

원점의 오른쪽에 있는 수는 양수입니다. (　　　)

04

자연수는 + 부호를 생략할 수 없습니다. (　　　)

05

−7에서 − 부호를 생략할 수 없습니다. (　　　)

06

0은 양수보다 작습니다. (　　　)

개념 마무리 2

수직선 위의 점에 대응하는 수를 쓰세요.

01

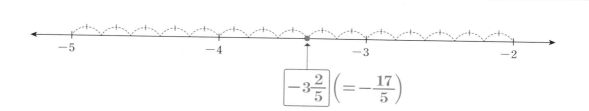

$$-3\frac{2}{5}\left(=-\frac{17}{5}\right)$$

02

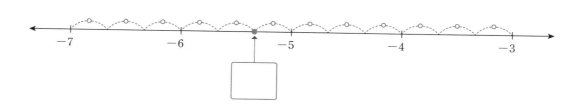

03

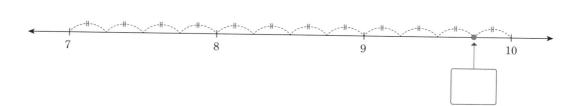

04

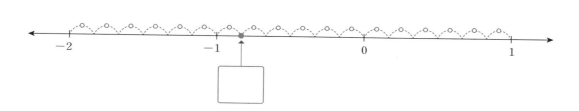

05

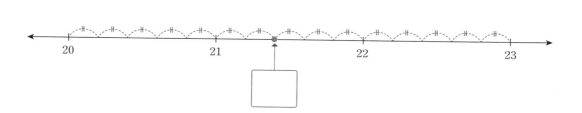

06

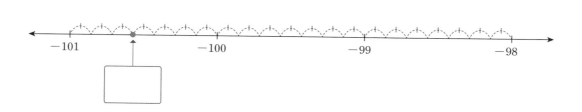

5 절댓값

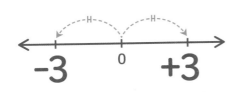

-3과 +3은 0에서부터
같은 거리만큼 떨어져 있지!

수에 대응하는 점과 **원점 사이의 거리**를 **절댓값** 이라고 해!

-3의 절댓값
뜻 : -3이 0으로부터 떨어진 거리 ------> 3
기호 : |-3|

+3의 절댓값
뜻 : +3이 0으로부터 떨어진 거리 ------> 3
기호 : |+3|

그러니까,

$$|-3| = |+3| = 3$$

▶ 개념 익히기 1

절댓값 기호를 사용하여 나타내세요.

01

a의 절댓값

$|a|$

02

−4의 절댓값

03

△의 절댓값

절댓값의 특징

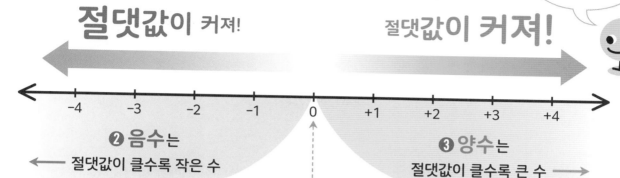

❶ 원점에서
멀어질수록
절댓값이 커져~

절댓값이 커져!   절댓값이 커져!

❷ 음수는
절댓값이 클수록 작은 수

❸ 양수는
절댓값이 클수록 큰 수

❹ 절댓값이
가장 작은 수는 0이야~

$|0| = 0$

❺ 절댓값은 언제나
0 이상

(왜냐면, 원점으로부터
떨어진 **거리**니까!)

❻ 절댓값이 $a\,(a>0)$인 수는

$+a, -a$로 항상 2개

예 절댓값이 5인 수는? +5 , -5

⚠ 절댓값이 0인 수는 0으로 1개!

▶ 개념 익히기 2

점 A와 B 중에서 절댓값이 더 큰 수에 대응하는 점을 찾아 ○표 하세요.

01

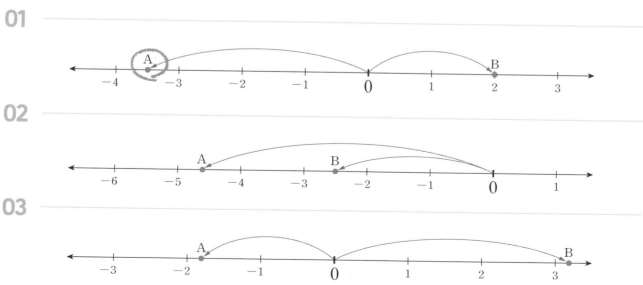

02

03

개념 다지기 1

빈칸을 알맞게 채우고, 물음에 답하세요.

01

(1) 점 A는 원점으로부터 **3** 만큼 떨어져 있다.

(2) −3의 절댓값을 기호로 쓰면?

(3) (2)의 값은?

02

(1) 점 B는 원점으로부터 ☐ 만큼 떨어져 있다.

(2) +8의 절댓값을 기호로 쓰면?

(3) (2)의 값은?

03

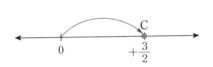

(1) 점 C는 원점으로부터 ☐ 만큼 떨어져 있다.

(2) $+\dfrac{3}{2}$의 절댓값을 기호로 쓰면?

(3) (2)의 값은?

04

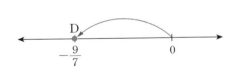

(1) 점 D는 원점으로부터 ☐ 만큼 떨어져 있다.

(2) $-\dfrac{9}{7}$의 절댓값을 기호로 쓰면?

(3) (2)의 값은?

05

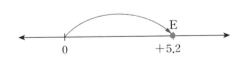

(1) 점 E는 ☐ 으로부터 ☐ 만큼 떨어져 있다.

(2) +5.2의 절댓값을 기호로 쓰면?

(3) (2)의 값은?

06

(1) 점 F는 ☐ 으로부터 ☐ 만큼 떨어져 있다.

(2) −4.6의 절댓값을 기호로 쓰면?

(3) (2)의 값은?

▶ 개념 다지기 2

크기를 비교하여 ○ 안에 >, =, <를 알맞게 쓰세요.

01 $|-9|$ ⟩ $|5|$

02 $\left|+\dfrac{8}{5}\right|$ ○ $|-2|$

03 $|+6.1|$ ○ $|-6.1|$

04 $|1.2|$ ○ $\left|-\dfrac{99}{100}\right|$

05 $\left|-\dfrac{9}{4}\right|$ ○ $\left|+3\dfrac{1}{8}\right|$

06 $|-3.6|$ ○ $|0|$

▶ 개념 마무리 1

두 점 사이의 거리를 나타내도록 빈칸을 알맞게 채우세요.

01

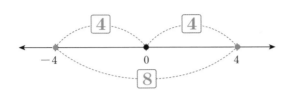

02

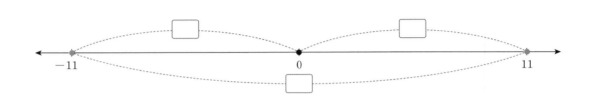

03

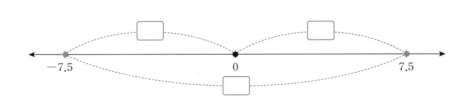

04

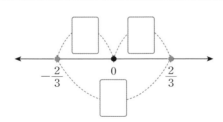

05

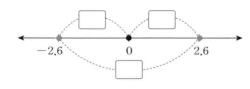

06

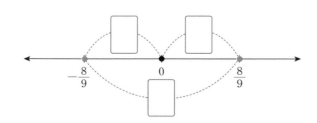

▶ 개념 마무리 2

a, b의 값을 각각 구하세요.

01 두 수 a와 b는 절댓값이 같고, a는 b보다 6만큼 큽니다.

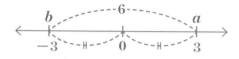

$$a=3, \; b=-3$$

02 $|a|=|b|$이고 $a<0$, $b>0$일 때, 수직선에서 a, b에 대응하는 점 사이의 거리는 14입니다.

03 수직선에서 a에 대응하는 점과 b에 대응하는 점은 원점에서부터 같은 거리에 있고, a는 b보다 12만큼 작습니다.

04 a와 b의 절댓값이 같고, a에 대응하는 점은 b에 대응하는 점보다 2.6만큼 오른쪽에 있습니다.

05 수직선에서 음수 a에 대응하는 점과 양수 b에 대응하는 점 사이의 거리는 9.8이고, 두 점의 한가운데에 원점이 있습니다.

06 원점에서부터 a, b에 대응하는 각 점까지의 거리가 같고, a는 b보다 $\frac{24}{5}$만큼 큽니다.

6 정수와 유리수

정수
단정하다, 온전하다.

정수는 **깔끔**하게 딱 떨어지는 수!

2 : □□ ← 정수!

$1\frac{1}{4}$: □▦ ← 정수 아님!

1.5 : □□▦ ← 정수 아님!

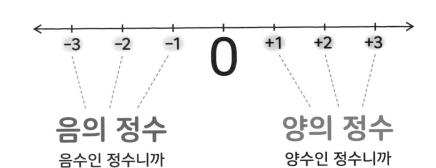

음의 정수
음수인 정수니까

양의 정수
양수인 정수니까

정수는 3가지로 구성!

정수
- 양의 정수 : +1, +2, +3, +4, …
  (=자연수)
- 0
- 음의 정수 : −1, −2, −3, −4, …

▶ 개념 익히기 1

알맞은 수를 모두 찾아 쓰세요.

| 45 | −5 | −102 | $-\dfrac{9}{5}$ | 0 | $+\dfrac{7}{6}$ | −9.1 |

01

음의 정수   −5,

02

양의 정수

03

정수

▶ 정답 및 해설 9쪽

유리수

있다   이성, 이치

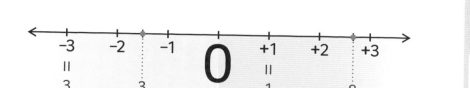

음의 유리수
분모와 분자가 자연수인 분수 앞에
음의 부호 -를 붙인 수

양의 유리수
분모와 분자가 자연수인 분수 앞에
양의 부호 +를 붙인 수

유리수는 이해할 수 있는 수!

$\frac{19}{45만}$ 는 복잡해 보여도, 전체를
45만으로 나눈 것 중의 19개인 수로
충분히 이해할 수 있지~

그래서 분수의 모양으로 쓸 수 있는 수는
모두 유리수~

유리수의 모양: $\dfrac{(정수)}{(정수)}$

0이 아닌

유리수 ─ 양의 유리수
       ─ 0
       ─ 음의 유리수

유리수

정수 ─ 양의 정수
     ─ 0
     ─ 음의 정수

정수가 아닌 유리수: $-\dfrac{1}{2}$, $+0.3$, $\cdots$

⚠ 3.14159265··· 처럼 분수로 쓸 수 없는 수는 유리수가 아니야!

▶ 개념 익히기 2

알맞은 수를 모두 찾아 쓰세요.

| 45 | -5 | -102 | $-\dfrac{9}{5}$ | 0 | $+\dfrac{7}{6}$ | -9.1 |

01 _____

음의 유리수 -5,

02 _____

양의 유리수

03 _____

정수가 아닌 유리수

▶ 정답 및 해설 10쪽

▶ 개념 다지기 1

수가 해당하는 곳에 ○표, 해당하지 않는 곳에 ×표 하세요.

	자연수	정수	음의 정수	양의 정수	유리수
01 $\dfrac{24}{6}$	○	○	×	○	○
02 3.14					
03 -999					
04 $-\dfrac{24}{2}$					
05 $\dfrac{0}{3}$					
06 3.14159265…					

▶ 개념 다지기 2

수직선을 보고 알맞은 점을 모두 쓰세요.

01 ....

정수 　점 B, D, F

02 ....

유리수

03 ....

음의 유리수

04 ....

정수가 아닌 유리수

05 ....

양의 정수

06 ....

양의 유리수

▶정답 및 해설 10쪽

1-31

개념 마무리 1

옳은 설명에 ○표, 틀린 설명에 ×표 하세요.

01

모든 수의 절댓값은 항상 양의 정수이다. (×)

02

모든 정수는 유리수이다. ( )

03

양의 정수가 아닌 정수는 음의 정수이다. ( )

04

음의 정수는 음수이다. ( )

05

음수는 절댓값이 클수록 큰 수이다. ( )

06

0은 정수가 아닌 유리수이다. ( )

▶ 개념 마무리 2

주어진 설명을 읽고, 수 카드 ? 에 알맞은 수를 보기에서 찾아 쓰세요.

◀ 보기 ▶

$$-24 \qquad 9 \qquad 0 \qquad -\dfrac{7}{6} \qquad +1.8 \qquad 3.1415\cdots$$

01

아래 5장의 수 카드 중에서 음수 카드는 3장, 정수 카드는 2장입니다.

$$\boxed{0.5} \quad \boxed{+3} \quad \boxed{-\dfrac{9}{2}} \quad \boxed{-10} \quad \boxed{?} \ \Rightarrow \ -\dfrac{7}{6}$$

02

아래 5장의 수 카드 중에서 양수 카드는 2장, 정수 카드는 3장입니다.

$$\boxed{-6} \quad \boxed{\dfrac{1}{4}} \quad \boxed{-8} \quad \boxed{-\dfrac{2}{3}} \quad \boxed{?} \ \Rightarrow$$

03

아래 5장의 수 카드 중에서 정수 카드는 3장, 음의 유리수 카드는 2장입니다.

$$\boxed{-60} \quad \boxed{4.7} \quad \boxed{\dfrac{0}{9}} \quad \boxed{+5.2} \quad \boxed{?} \ \Rightarrow$$

04

아래 6장의 수 카드 중에서 정수 카드가 3장, 양수도 음수도 아닌 카드가 1장 있습니다.

$$\boxed{4} \quad \boxed{-\dfrac{6}{1}} \quad \boxed{+2.9} \quad \boxed{\dfrac{5}{8}} \quad \boxed{-0.13} \quad \boxed{?} \ \Rightarrow$$

05

아래 6장의 수 카드 중에서 양의 유리수 카드가 3장, 정수가 아닌 유리수 카드가 4장 있습니다.

$$\boxed{-\dfrac{11}{6}} \quad \boxed{+17} \quad \boxed{-1.9} \quad \boxed{-5} \quad \boxed{+\dfrac{4}{3}} \quad \boxed{?} \ \Rightarrow$$

7 양수와 음수의 의미

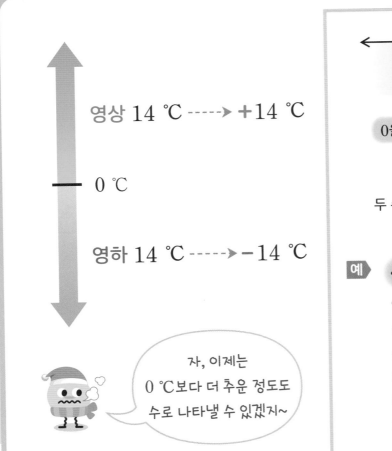

영상 14 ℃ ----> +14 ℃

0 ℃

영하 14 ℃ ----> −14 ℃

자, 이제는
0 ℃보다 더 추운 정도도
수로 나타낼 수 있겠지~

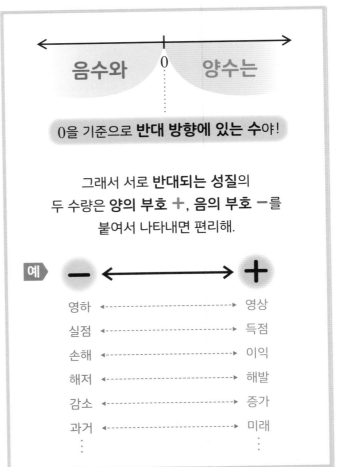

음수와   0   양수는

0을 기준으로 **반대 방향에 있는 수야!**

그래서 서로 **반대되는 성질**의
두 수량은 **양의 부호 +**, **음의 부호 −**를
붙여서 나타내면 편리해.

예 ▶ **−** ←――――――→ **+**

영하	←――――――→	영상
실점	←――――――→	득점
손해	←――――――→	이익
해저	←――――――→	해발
감소	←――――――→	증가
과거	←――――――→	미래
⋮		⋮

▶ 개념 익히기 1

서로 의미가 반대인 것끼리 선으로 이으세요.

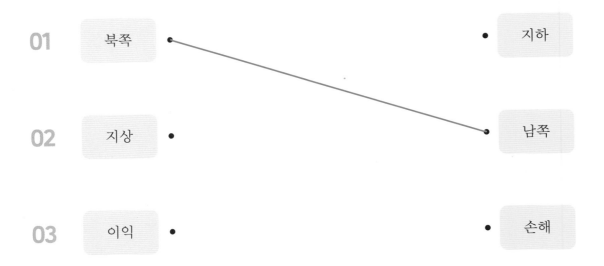

01   북쪽   • 지하

02   지상 •   남쪽

03   이익 •   • 손해

▶ 정답 및 해설 13쪽

생활 속에서 부호 ＋, － 를 사용한 예

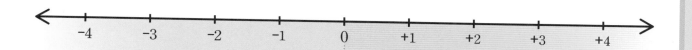

- 몸무게가 5.2 kg 감소 ➡ **－5.2 kg**

- 건물의 지하 3층 ➡ **－3층**

- 수행평가에서 3점 감점 ➡ **－3점**

- 태평양 마리아나 해구는 해저 10984 m ➡ **－10984 m**

- 몸무게가 3 kg 증가 ➡ **＋3 kg**

- 건물의 지상 3층 ➡ **＋3층**

- 수행평가에서 3점 가산점 ➡ **＋3점**

- 에베레스트산은 해발 8848.86 m ➡ **＋8848.86 m**

▶ 개념 익히기 2

빈칸에 알맞은 수를 쓰세요.

01

5점 득점을 ＋5로 나타내면 3점 실점은 $\boxed{-3}$ 이다.

02

2시간 후를 ＋2로 나타내면 7시간 전은 $\boxed{}$ 이다.

03

지상 8층을 ＋8로 나타내면 지하 4층은 $\boxed{}$ 이다.

▶ 정답 및 해설 13쪽

▶ 개념 다지기 1

밑줄 친 부분을 + 또는 − 부호를 사용하여 나타내세요.

01

인해네 가게는 어제 <u>20만 원 이익</u>을 보았고, 오늘은 <u>10만 원 손해</u>를 보았다.
➡ $+20$ ➡ -10

02

지리산의 높이는 <u>해발 1915 m</u>이고, 보령 해저 터널의 가장 깊은 곳은 <u>해저 80 m</u>이다.
➡ $+1915$ ➡ ☐

03

우리집에서 <u>동쪽으로 1 km</u>만큼 떨어진 곳에는 학교가, <u>서쪽으로 2 km</u>만큼 떨어진 곳에는
➡ ☐   ➡ -2

도서관이 있다.

04

마트에서 라면 가격은 <u>3 % 인상</u>했고, 계란 가격은 <u>1 % 인하</u>했다.
➡ $+3$ ➡ ☐

05

지난주 체중은 <u>1.5 kg 증가</u>했고, 이번 주 체중은 <u>0.8 kg 감소</u>했다.
➡ ☐   ➡ ☐

06

어느 날 최저 기온은 <u>영하 6 ℃</u>, 최고 기온은 <u>영상 10 ℃</u>이다.
➡ ☐   ➡ ☐

▶ 정답 및 해설 13쪽

1-36

개념 다지기 2

주어진 수와 어울리는 상황에 모두 V표 하세요.

01 -200

- 200원 손해 ☑
- 해저 200 m ☑
- 200일 후 ☐

02 $+1$

- 1시간 후 ☐
- 1개 감소 ☐
- 영상 1 ℃ ☐

03 $+25$

- 25원 입금 ☐
- 지상 25층 ☐
- 25명 감소 ☐

04 $+300$

- 해발 300 m ☐
- 300원 지출 ☐
- 300명 증가 ☐

05 -11

- 11년 전 ☐
- 11분 후 ☐
- 11점 감점 ☐

06 -1.5

- 지하 1.5 m ☐
- 1.5 ℃ 상승 ☐
- 1.5 kg 감소 ☐

▶ 정답 및 해설 14쪽

▶ 개념 마무리 1

+, − 부호를 사용하여 나타낼 때 양수인 것만 따라가서 도착하는 곳을 쓰세요. ➡ ☐

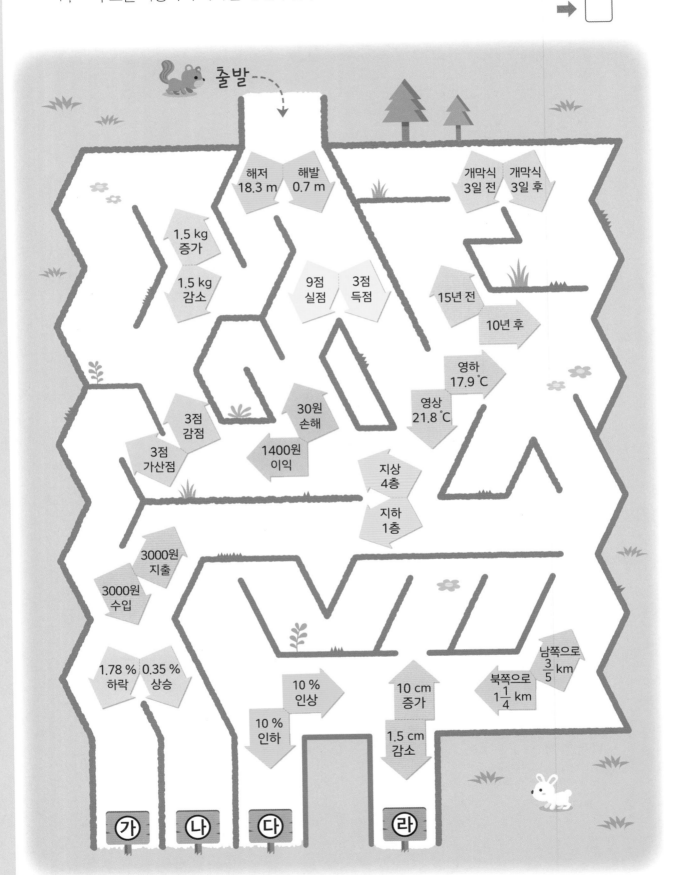

▶ 개념 마무리 2

표를 보고, 물음에 답하세요.

01

	물	산소	갈륨	수소	브롬	세슘
녹는점(℃)	0	−218.4	29.78	−259.114	−7.2	28.5
끓는점(℃)	100	−182.96	2403	−252.9	58.8	670

(출처: 대한화학회, 사이언스올)

(1) 끓는점이 음수인 물질을 모두 찾아 쓰세요.

산소,

(2) 현재 기온이 23 ℃일 때, 고체 상태인 물질을 모두 찾아 쓰세요.

(3) 어느 날 시각에 따른 기온이 다음과 같을 때, 시각별 브롬의 상태를 쓰세요.

시각	오전 6시	오전 9시	오후 12시	오후 3시	오후 6시
기온(℃)	−8.8	−3.9	−2	−3	−7.6
브롬의 상태	고체				

02

연도(년)	기원전 470	1392	기원전 57	476	기원전 221
사건	소크라테스 탄생	조선 건국	신라 건국	서로마 제국 멸망	진나라 중국 통일

(1) 표의 사건들 중 가장 먼저 일어난 것을 쓰세요.

(2) 위의 표를 수직선에 나타내려고 합니다. 빈칸을 알맞게 채우세요.

기원전 | 기원후

소크라테스 탄생 　　진나라 중국 통일 　　신라 건국 　　서로마 제국 멸망 　　조선 건국

−470

단원 마무리

01 1.2와 같은 수는?

① 12   ② $\dfrac{12}{10}$

③ $\dfrac{5}{6}$ ④ $\dfrac{4}{5}$

⑤ $\dfrac{3}{2}$

02 주어진 수가 해당하는 것에 모두 ○표 하시오.

$\dfrac{12}{4}$

양수	음수
자연수	정수
정수가 아닌 유리수	

03 다음 중 0보다 작은 수는 몇 개인지 쓰시오.

0	$\dfrac{1}{4}$	-1	$+0.1$	$-\dfrac{1}{10}$

04 + 또는 − 부호를 사용하여 알맞게 나타낸 것은?

① 영상 24 ℃ → −24 ℃
② 20000원 손해 → +20000원
③ 100개 증가 → −100개
④ 3 % 하락 → −3 %
⑤ 해발 320 m → −320 m

05 절댓값이 0.5인 수를 모두 쓰시오.

06 다음 보기에서 −3에 대한 설명으로 옳은 것을 모두 찾아 기호를 쓰시오.

◀ 보기 ▶

㉠ 음의 3이라고 읽는다.
㉡ 수직선에서 0의 오른쪽에 있는 수이다.
㉢ −2보다 큰 수이다.
㉣ 0보다 3 작은 수이다.

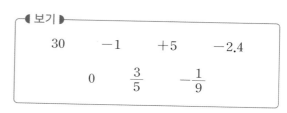

07 다음 수를 큰 수부터 순서대로 쓰시오.

$$0 \quad 3 \quad -1 \quad -5 \quad 15 \quad -8$$

08 수직선에서 $-\dfrac{4}{3}$에 대응하는 점을 쓰시오.

09 다음 중 정수가 <u>아닌</u> 유리수는?

① 6　　　　　② $-\dfrac{10}{5}$

③ 0　　　　　④ -0.1

⑤ $+100$

10 보기에서 알맞은 수를 모두 찾아 쓰시오.

◀ 보기 ▶
$$30 \quad -1 \quad +5 \quad -2.4$$
$$0 \quad \dfrac{3}{5} \quad -\dfrac{1}{9}$$

(1) 양의 정수

(2) 정수

(3) 음의 유리수

11 다음 수를 수직선 위에 나타낼 때, 가장 왼쪽에 있는 수는?

① $+0.5$　　　　② $-\dfrac{1}{2}$

③ -2　　　　④ $\dfrac{3}{4}$

⑤ $+1$

12 두 점 사이의 거리를 나타내도록 빈칸에 알맞은 수를 쓰시오.

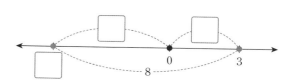

13 다음 중 옳지 <u>않은</u> 것은?

① $0 > -4$　　　② $+5 > -7$

③ $|+6| < |-8|$　　④ $|-3| > \left|+\dfrac{7}{3}\right|$

⑤ $-\dfrac{1}{5} < -\dfrac{1}{4}$

14 다음 글을 보고 밑줄 친 부분을 + 또는 −를 사용하여 바르게 나타낸 것은?

> 아침에 일기예보를 보니 오늘 최고 기온이 ①<u>영상 29 ℃</u>였다. 버스 요금 ②<u>1200원</u>을 지불하고 학교에 도착했다.
> 매점에 갔더니 매일 사 먹는 빵이 ③<u>400원 할인</u>하고 있었다. 학교 수업이 끝나고 ④<u>지상 3층</u>에 있는 학원에 도착했다.
> 집으로 돌아와서 씻고 몸무게를 재어보니 어제보다 체중이 ⑤<u>0.3 kg 줄었다.</u>

① -29　　　　② $+1200$

③ -400　　　　④ -3

⑤ $+0.3$

15 다음 설명 중 옳지 <u>않은</u> 것은?

① 정수는 유리수이다.

② 0은 정수이지만 유리수는 아니다.

③ 양의 정수는 양의 유리수이다.

④ 1.2는 유리수이지만 정수는 아니다.

⑤ $|-3|$은 양의 유리수이다.

16 수직선에서 −6과 6을 나타내는 두 점으로부터 같은 거리만큼 떨어진 점이 나타내는 수를 쓰시오.

▶정답 및 해설 18~19쪽

17 다음 보기에서 절댓값에 대한 설명으로 옳은 것을 모두 찾아 기호를 쓰시오.

◀보기▶

㉠ 절댓값이 4인 수는 2개이다.
㉡ 절댓값은 항상 0보다 크다.
㉢ 음수는 작을수록 절댓값이 크다.
㉣ $|a|=a$이면 항상 a는 양수이다.

18 수직선 위의 점 A, B, C, D, E에 대한 설명으로 옳은 것은?

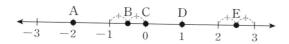

① 자연수에 대응하는 점은 2개이다.
② 대응하는 수가 음수인 점은 점 A, B, C이다.
③ 점 E에 대응하는 수는 $-\dfrac{5}{2}$이다.
④ 대응하는 수가 유리수인 점은 점 B, E뿐이다.
⑤ 대응하는 수의 절댓값이 1보다 큰 점은 점 A, E이다.

19 수직선 위에서 어떤 두 수에 각각 대응하는 점이 원점에서부터 같은 거리만큼 떨어져 있고, 두 점 사이의 거리가 18일 때, 어떤 두 수를 쓰시오.

20 5장의 수 카드 중에서 양수 카드는 3장, 정수가 아닌 유리수 카드는 2장입니다. 수 카드 ? 에 들어갈 수로 알맞은 것은?

① $+1.2$ ② -3
③ $+6$ ④ 0
⑤ -5.9

서술형 문제

21 $1 < |a| < \dfrac{13}{3}$ 을 만족하는 정수 a를 모두 쓰시오.

┌── 풀이 ──────────────────┐
│   │
└──────────────────────────┘

서술형 문제

22 수직선에서 $-\dfrac{5}{4}$에 가장 가까운 정수를 a, $\dfrac{10}{3}$에 가장 가까운 정수를 b라고 할 때, $|a| + |b|$의 값을 구하시오.

┌── 풀이 ──────────────────┐
│   │
└──────────────────────────┘

서술형 문제

23 세 수 a, b, c에 대한 설명을 보고 큰 순서대로 쓰시오.

┌──────────────────────────┐
│ • a는 5보다 크다.   │
│ • b의 절댓값은 4보다 작다. │
│ • c는 절댓값이 6이고, 음수이다. │
└──────────────────────────┘

┌── 풀이 ──────────────────┐
│   │
└──────────────────────────┘

원주율은 무슨 수일까?

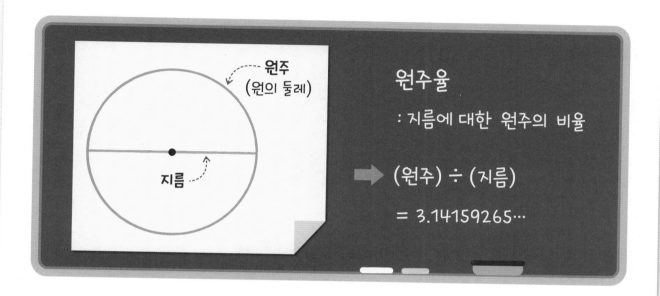

원주율은 지름에 대한 원주의 비율로, 그 값이 모든 원에서 일정하게 나옵니다. 3.14159265… 로 끝도 없고, 반복되는 부분도 없는 소수의 모양으로 정수도 아니고, $\dfrac{(정수)}{(0이\ 아닌\ 정수)}$ 의 모양으로 나타낼 수가 없어서 유리수도 아니지요. 이렇게 실제로 존재하지만 유리수가 아닌 수를 **무리수**라고 합니다.

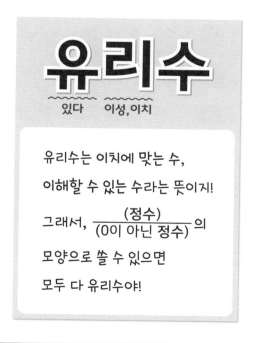

유리수는 이치에 맞는 수, 이해할 수 있는 수라는 뜻이지! 그래서, $\dfrac{(정수)}{(0이\ 아닌\ 정수)}$ 의 모양으로 쓸 수 있으면 모두 다 유리수야!

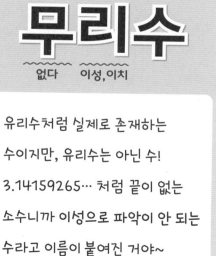

유리수처럼 실제로 존재하는 수이지만, 유리수는 아닌 수! 3.14159265… 처럼 끝이 없는 소수니까 이성으로 파악이 안 되는 수라고 이름이 붙여진 거야~

2 유리수의 덧셈

이번 단원에서 배울 내용

① +와 −의 의미

② 덧셈의 의미

③ 같은 부호끼리의 합

④ 수직선에서 더하기

⑤ 바둑돌로 더하기

⑥ 부호가 다른 두 수의 합

⑦ 덧셈의 법칙

새로 배운 수들도
+, −, ×, ÷을
할 수 있을까?

음수 양수

유리수

새롭게 배운 음수, 양수, 유리수도

초등학교 때 배운 수처럼 +, −, ×, ÷을 계산할 수 있어요!

이번 단원에서는 더하기만 집중적으로 다뤄보도록 할 거예요.

수직선과 바둑돌을 이용하여 정수의 덧셈을 살펴보고

정수의 덧셈을 유리수의 덧셈으로 확대할 거예요.

자, 그럼 +의 의미부터 시작하도록 할게요~

1 +와 −의 의미

➕, ➖의 두 가지 의미

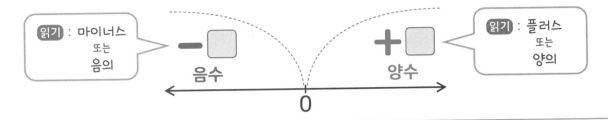

의미 ① 수 바로 앞에 있으면 **부호**

읽기 : 마이너스 또는 음의 → **−☐** 음수

읽기 : 플러스 또는 양의 → **+☐** 양수

0

의미 ② 두 수 사이에 있으면 **계산**

☐ **−** △

읽기 : 마이너스 또는 빼기

가능한 뺄셈식

(양수)−(양수)   (음수)−(양수)

(양수)−(음수)   (음수)−(음수)

☐ **+** △

읽기 : 플러스 또는 더하기

가능한 덧셈식

(양수)+(양수)   (음수)+(양수)

(양수)+(음수)   (음수)+(음수)

▶ 개념 익히기 1

주어진 +, −가 의미하는 것에 **V**표 하세요.

01
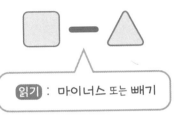
-10

부호 ☑
계산 ☐

02

$11-6$

부호 ☐
계산 ☐

03

$+53$

부호 ☐
계산 ☐

초등에서는 **0 이상인 수**만 다루기 때문에, 더하기와 빼기를 모으기와 가르기로 했던 거야!

근데 중등에서는 보이지 않는 '정도'를 나타내는 것으로 수가 확장됐잖아~

그래서 **더하기와 빼기에 대한 새로운 약속이 필요해!**

덧셈과 뺄셈의 새로운 약속

수직선에서의 점의 이동

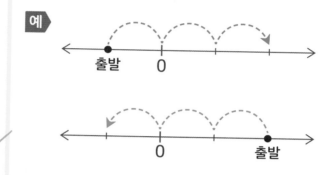

▶ 개념 익히기 2

옳은 설명에 ○표, 틀린 설명에 ×표 하세요.

01

덧셈 또는 뺄셈은 수직선에서의 점의 이동으로 나타낼 수 있다. (○)

02

두 수 사이에 있는 +나 −는 부호를 의미한다. ( )

03

수를 이용해 보이지 않는 정도를 나타낼 수 있다. ( )

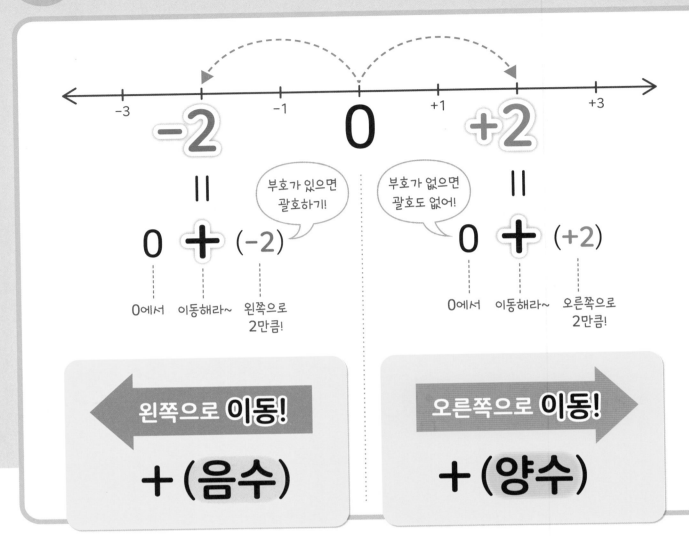

▶ 개념 익히기 1

수직선을 보고, 빈칸을 알맞게 채우세요.

01   **02**   **03**

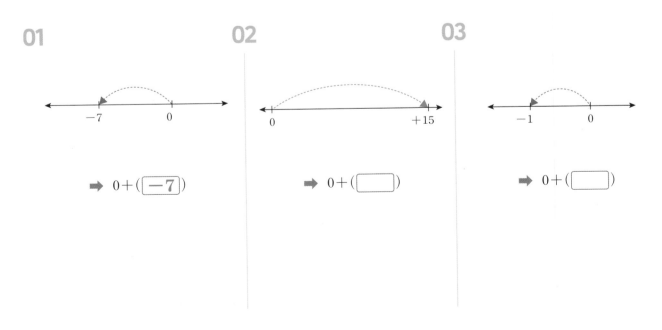

➡ $0+(\boxed{-7})$ ➡ $0+(\boxed{})$ ➡ $0+(\boxed{})$

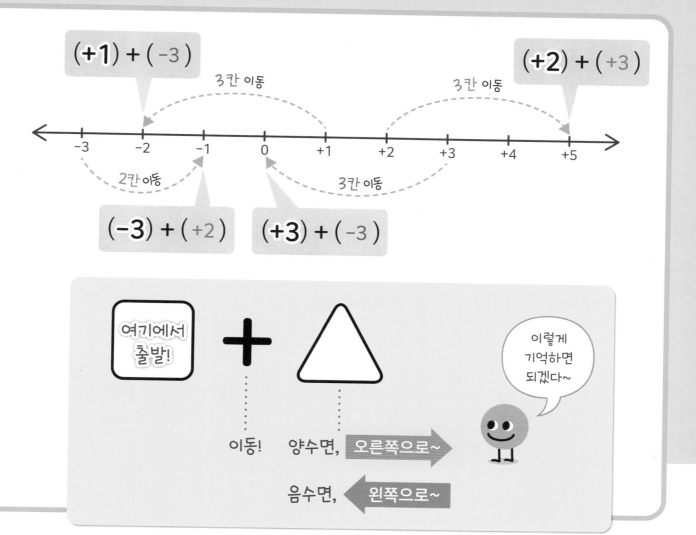

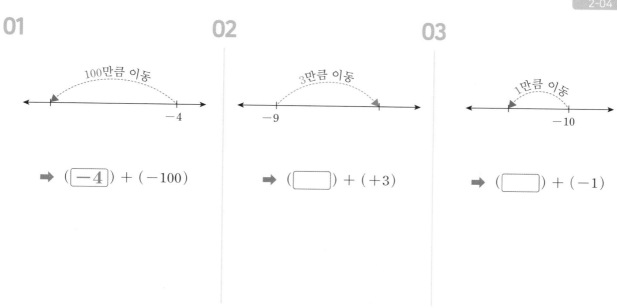

▶ 개념 익히기 2

수직선을 보고, 빈칸을 알맞게 채우세요.

01

100만큼 이동

−4

➡ ($\boxed{-4}$) + (−100)

02

3만큼 이동

−9

➡ ($\boxed{}$) + (+3)

03

1만큼 이동

−10

➡ ($\boxed{}$) + (−1)

▶ 개념 다지기 1

수직선을 보고, ○ 안에 +, −를 알맞게 쓰세요.

01

➡ $(+12) + (\ominus 7)$

02

➡ $(+6) + (\bigcirc 4)$

03

➡ $(-2) + (\bigcirc 5)$

04

➡ $(-4) \bigcirc (+8)$

05

➡ $(\bigcirc 1) + (\bigcirc 3)$

06

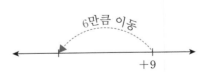

➡ $(\bigcirc 9) + (\bigcirc 6)$

▶ 정답 및 해설 22쪽

▶ 개념 다지기 2

수직선을 보고, 덧셈식을 완성하세요.

01

➡ ($\boxed{-10}$) + (+6)

02

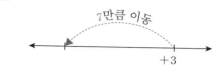

➡ (+3) + ($\boxed{}$)

03

➡ ($\boxed{}$) + (−4)

04

➡ ($\boxed{}$) + ($\boxed{}$)

05

➡ ($\boxed{}$) + ($\boxed{}$)

06

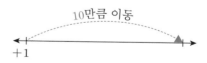

➡ ($\boxed{}$) + ($\boxed{}$)

▶ 개념 마무리 1

덧셈식을 보고 빈칸을 채우고, 알맞은 방향의 화살표를 따라 그리세요.

01 $(-2) + (+4)$

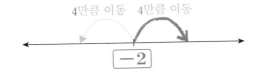

02 $\left(+\dfrac{5}{3}\right) + (-6)$

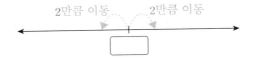

03 $\left(-\dfrac{1}{2}\right) + (-5)$

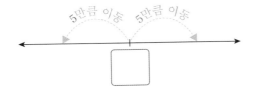

04 $(-3) + (+2)$

05 $(-9) + (+3)$

06 $\left(+\dfrac{7}{4}\right) + (-7)$

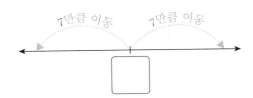

▶ 개념 마무리 2

덧셈식을 수직선에 알맞게 나타내세요.

01

$$(+6) + (-11)$$

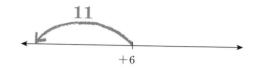

02

$$(-8.6) + (+2)$$

03

$$\left(-\dfrac{5}{3}\right) + (+1)$$

04

$$(+10) + (-7)$$

05

$$\left(+\dfrac{4}{5}\right) + (-3)$$

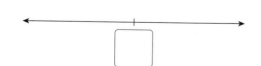

06

$$(-0.9) + (+4)$$

3 같은 부호끼리의 합

양수 **+** 양수 **=** 양수

0의 오른편에서   오른쪽으로   0의 오른편이지!
더 가니까~

3칸

0 +1 +2 +3 +4 +5 +6 +7 +8 +9

(+1) + (+3) = +4

계산 방법

$(+\square) + (+\triangle)$

같은 **부호**끼리의 합은,

$= +(\square + \triangle)$

공통의   절댓값의
부호   합

▶ 개념 익히기 1

빈칸을 알맞게 채우세요.

01   02   03

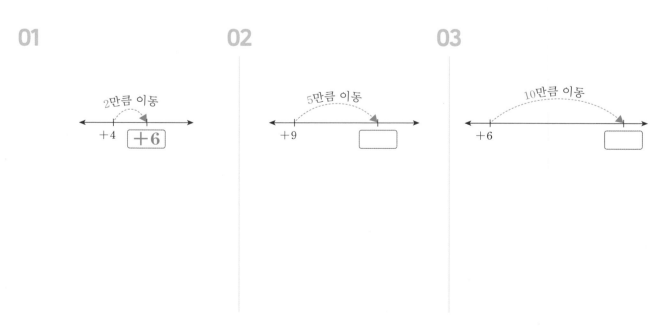

2만큼 이동   5만큼 이동   10만큼 이동

+4 $\boxed{+6}$ +9 $\boxed{}$ +6 $\boxed{}$

음수 **+** 음수 **=** 음수

0의 왼편에서

왼쪽으로
더 가니까~

0의 왼편이지!

4칸

-11 -10 -9 -8 -7 -6 -5 -4 -3 -2 -1 **0**

$(-6) + (-4) = -10$

계산 방법

$$(-\square) + (-\triangle)$$

같은 부호끼리의 합은,

$$= -(\square + \triangle)$$

공통의
부호

절댓값의
합

▶ 개념 익히기 2

○ 안에 알맞은 부호를 쓰세요.

2-10

01

$$(+6) + (+8)$$

$$= (+) 14$$

02

$$(-5) + (-7)$$

$$= \bigcirc 12$$

03

$$(+9) + (+11)$$

$$= \bigcirc 20$$

▶ 개념 다지기 1

○ 안에 알맞은 부호를 쓰고, □ 안에는 알맞은 수를 쓰세요.

01　$\left(-\dfrac{1}{5}\right) + \left(-\dfrac{4}{5}\right)$

$= \bigominus \left(\dfrac{1}{5} + \dfrac{4}{5}\right)$

$= \bigominus \boxed{\dfrac{5}{5}}$

$= \bigominus \boxed{1}$

02　$(-2) + (-5)$

$= \bigcirc (2+5)$

$= \bigcirc \boxed{}$

03　$(+3) + (+8)$

$= \bigcirc (3+8)$

$= \bigcirc \boxed{}$

04　$(-4) + (-1)$

$= \bigcirc (4+1)$

$= \bigcirc \boxed{}$

05　$\left(+\dfrac{11}{4}\right) + \left(+\dfrac{5}{4}\right)$

$= \bigcirc \left(\dfrac{11}{4} + \dfrac{5}{4}\right)$

$= \bigcirc \boxed{}$

$= \bigcirc \boxed{}$

06　$(-6) + (-9)$

$= \bigcirc (6+9)$

$= \bigcirc \boxed{}$

▶ 개념 다지기 2

○ 안에 알맞은 부호를 쓰고, □ 안에는 알맞은 수를 쓰세요.

01 $(+3) + (+12) = \boxed{+}\ \boxed{15}$

02 $(-1.6) + (-0.4) = \bigcirc\ \boxed{}$
$= \bigcirc\ \boxed{}$

03 $(+3.5) + (+5) = \bigcirc\ \boxed{}$

04 $\left(-\dfrac{1}{2}\right) + \left(-\dfrac{7}{2}\right) = \bigcirc\ \boxed{}$
$= \bigcirc\ \boxed{}$

05 $(-9) + (-1) = \bigcirc\ \boxed{}$

06 $\left(+\dfrac{8}{3}\right) + \left(+\dfrac{7}{3}\right) = \bigcirc\ \boxed{}$
$= \bigcirc\ \boxed{}$

▶ 개념 마무리 1

빈칸을 알맞게 채우세요.

01 $(-\boxed{5}) + (-4) = -9$

02 $(+\boxed{}) + (+5) = +7$

03 $(-3) + (-\boxed{}) = -11$

04 $(+9) + (+\boxed{}) = +15$

05 $(-\boxed{}) + (-31) = -44$

06 $(+18) + (+\boxed{}) = +23$

▶ 개념 마무리 2

옳은 설명에 ○표, 틀린 설명에 ×표 하세요.

01

수의 바로 뒤에 있는 +, −는 부호를 뜻합니다. (×)

02

수직선에서 왼쪽으로 이동하는 것은 양수를 더한다는 뜻입니다. (   )

03

수직선에서 $(-2)+(+7)$은 −2에서 오른쪽으로 7만큼 이동한 수입니다. (   )

04

어떤 수에 음수를 더하면 계산 결과는 원래 수보다 작아집니다. (   )

05

두 양수의 합은 항상 양수입니다. (   )

06

부호가 같은 두 수의 덧셈은 두 수의 절댓값의 차에 공통인 부호를 붙여서 계산합니다. (   )

4 수직선에서 더하기

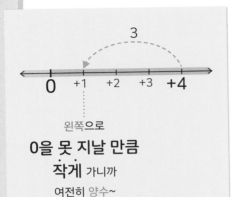

왼쪽으로
0을 못 지날 만큼
작게 가니까
여전히 양수~

$$(+4) + (-3) = +1$$

양수에서   왼쪽으로 작게   양수~

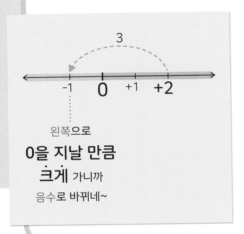

왼쪽으로
0을 지날 만큼
크게 가니까
음수로 바뀌네~

$$(+2) + (-3) = -1$$

양수에서   **왼쪽으로 크게!**   음수~

▶ 개념 익히기 1

덧셈식을 수직선에 알맞게 나타내고, 계산 결과가 양수인지 음수인지 V표 하세요.

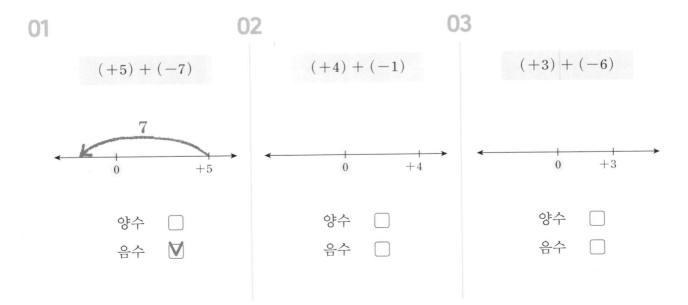

01

$$(+5) + (-7)$$

7

0   +5

양수 ☐
음수 ☑

02

$$(+4) + (-1)$$

0   +4

양수 ☐
음수 ☐

03

$$(+3) + (-6)$$

0   +3

양수 ☐
음수 ☐

▶ 정답 및 해설 24쪽

$$(-3) + (+2) = -1$$

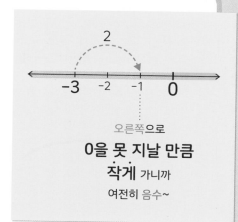

음수에서   오른쪽으로 작게   음수~

오른쪽으로
**0을 못 지날 만큼
작게** 가니까
여전히 음수~

$$(-1) + (+2) = +1$$

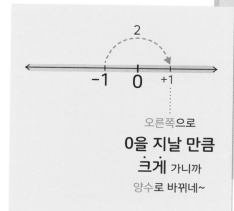

음수에서 **오른쪽**으로 **크게!** 양수~

오른쪽으로
**0을 지날 만큼
크게** 가니까
양수로 바뀌네~

▶ 개념 익히기 2

덧셈식을 수직선에 알맞게 나타내고, 계산 결과가 양수인지 음수인지 V표 하세요.

01

$$(-2) + (+1)$$

양수 ☐
음수 ☑

02

$$(-8) + (+10)$$

양수 ☐
음수 ☐

03

$$(-6) + (+9)$$

양수 ☐
음수 ☐

▶ 개념 다지기 1

덧셈식을 수직선에 알맞게 나타내고, 계산해 보세요.

01 $(+2) + (-5) =$ $\boxed{-3}$

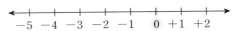

02 $(-3) + (+4) =$ $\boxed{}$

03 $(-6) + (+3) =$ $\boxed{}$

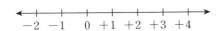

04 $(+2) + (-7) =$ $\boxed{}$

05 $(-1) + (+3) =$ $\boxed{}$

06 $(+4) + (-6) =$ $\boxed{}$

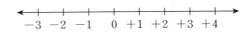

▶ 개념 다지기 2

수직선을 참고하여 계산해 보세요.

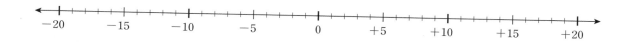

01 $(-12) + (+18) = +6$

02 $(+6) + (-11)$

03 $(+15) + (-25)$

04 $(-9) + (+23)$

05 $(-4) + (+17)$

06 $(+19) + (-26)$

▶ 개념 마무리 1

합이 음수인 것만 따라갈 때, 도착하는 곳에 ◯표 하세요.

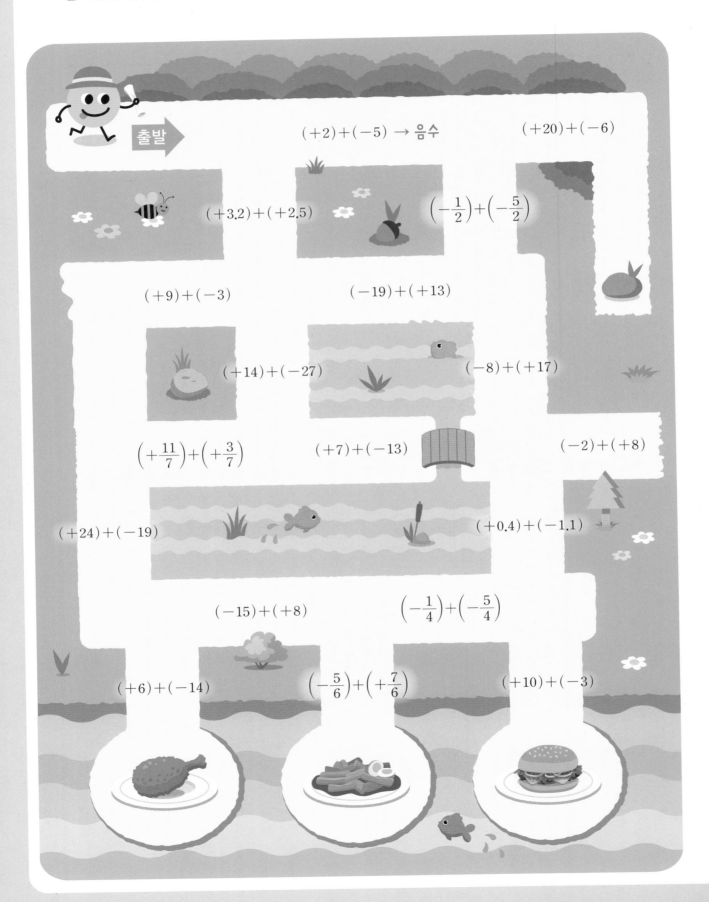

출발 ➡

$(+2)+(-5) \rightarrow$ 음수

$(+20)+(-6)$

$(+3.2)+(+2.5)$

$\left(-\dfrac{1}{2}\right)+\left(-\dfrac{5}{2}\right)$

$(+9)+(-3)$

$(-19)+(+13)$

$(+14)+(-27)$

$(-8)+(+17)$

$\left(+\dfrac{11}{7}\right)+\left(+\dfrac{3}{7}\right)$

$(+7)+(-13)$

$(-2)+(+8)$

$(+24)+(-19)$

$(+0.4)+(-1.1)$

$(-15)+(+8)$

$\left(-\dfrac{1}{4}\right)+\left(-\dfrac{5}{4}\right)$

$(+6)+(-14)$

$\left(-\dfrac{5}{6}\right)+\left(+\dfrac{7}{6}\right)$

$(+10)+(-3)$

▶ 개념 마무리 2

계산 결과가 양수인지 음수인지 비교하여, ○ 안에 >, <를 알맞게 쓰세요.

01 $(+6)+(-4) \bigcirc\!\!\!> (-8)+(-2)$
  양수   음수

02 $(-7)+(+5) \bigcirc (-1)+(+4)$

03 $(+0.2)+(+1.2) \bigcirc (+5)+(-11)$

04 $\left(+\dfrac{3}{2}\right)+\left(+\dfrac{5}{2}\right) \bigcirc (-7)+(+3)$

05 $\left(-\dfrac{5}{3}\right)+\left(+\dfrac{2}{3}\right) \bigcirc (+3)+(-1)$

06 $(+17)+(-20) \bigcirc \left(-\dfrac{7}{4}\right)+\left(+\dfrac{13}{4}\right)$

5 바둑돌로 더하기

⭐ 결과가 0이 되는 덧셈

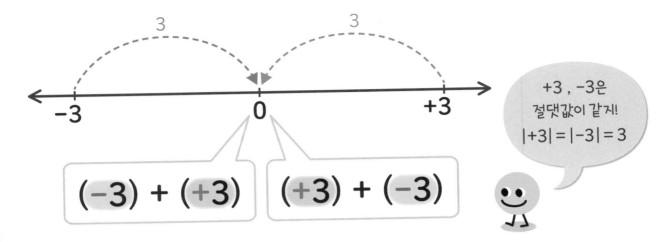

$(-3) + (+3)$ $(+3) + (-3)$

+3 , -3은
절댓값이 같지!
$|+3| = |-3| = 3$

절댓값이 같고
부호가 다른 두 수의 합은?

➡ 0

▶ 개념 익히기 1

빈칸을 알맞게 채우세요.

01

$(+7) + (-7) = \boxed{0}$

02

$(-5) + (\boxed{}) = 0$

03

$(\boxed{}) + \left(+\frac{1}{3}\right) = 0$

▶ 정답 및 해설 29쪽

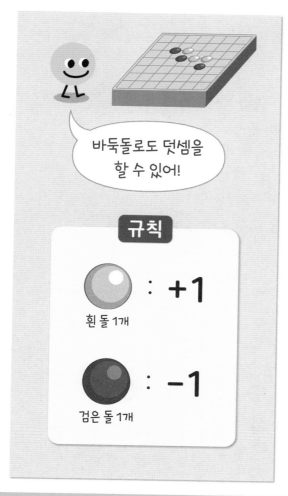

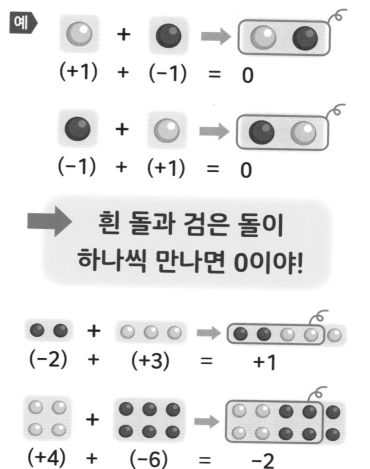

개념 익히기 2

흰 돌은 '+1', 검은 돌은 '−1'을 나타냅니다. 0이 되도록 바둑돌을 알맞게 그려 보세요. (단, 바둑돌을 가장 적게 사용하는 방법이어야 합니다.)

01

02

03

▶ 개념 다지기 1

바둑돌 그림에서 0이 되는 부분을 최대한 묶어서 빼는 표시를 하고, 남은 돌과 나타내는 수를 쓰세요.

01

남은 돌과 개수: **검은 돌 2개**

→ $\boxed{-2}$

02

남은 돌과 개수:

→ ☐

03

남은 돌과 개수:

→ ☐

04

남은 돌과 개수:

→ ☐

05

남은 돌과 개수:

→ ☐

06

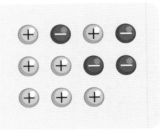

남은 돌과 개수:

→ ☐

▶ 개념 다지기 2

그림을 보고 계산해 보세요.

01 $(-2) + (+3) = \boxed{+1}$

02 $(-4) + (+4) = \boxed{}$

03 $(+5) + (-1) = \boxed{}$

04 $(+2) + (-6) = \boxed{}$

05 $(+3) + (\boxed{}) = \boxed{}$

06 $(\boxed{}) + (+6) = \boxed{}$

▶ 개념 마무리 1

주어진 수가 되도록 바둑돌을 알맞게 그려 보세요. (단, 바둑돌을 가장 적게 사용하는 방법이어야
합니다.)

01

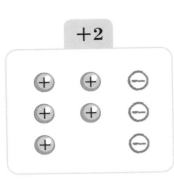

02

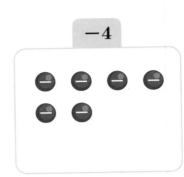

03

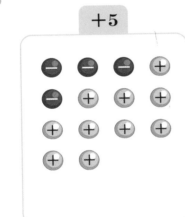

04

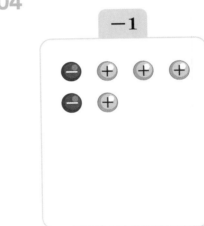

05

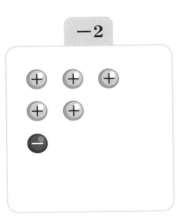

06

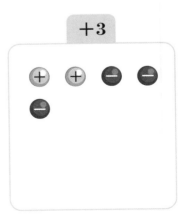

▶ 정답 및 해설 31쪽

▶ 개념 마무리 2

바둑돌을 알맞게 그려서 계산해 보세요.

01 $(+4) + (-1) = +3$

02 $(-3) + (+2)$

03 $(-8) + (+4)$

04 $(+4) + (-6)$

05 $(+7) + (-5)$

06 $(-9) + (+2)$

(양수) + (음수)는 **0을 만들고 남는 것**을 쓰기!

$$(-3) + (+5)$$

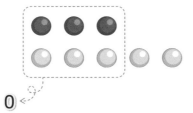

0

$$\Rightarrow \quad (-3) + (+5) = +2$$

검은 돌이
3개

흰 돌이
5개

0을 만들고
더 많이 있던 흰 돌이
2개 남으니까~

$$(+1) + (-4)$$

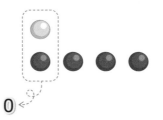

0

$$\Rightarrow \quad (+1) + (-4) = -3$$

흰 돌이
1개

검은 돌이
4개

0을 만들고
더 많이 있던 검은 돌이
3개 남으니까~

▶ 개념 익히기 1

두 수의 절댓값을 비교하여 ○ 안에 >, <를 알맞게 쓰세요.

01

$$|-14| \;\; \bigcirc\!\!\!> \;\; |+6|$$

02

$$|+32| \;\; \bigcirc \;\; |-45|$$

03

$$|+222| \;\; \bigcirc \;\; |-111|$$

▶ 정답 및 해설 32쪽

부호가 다른 두 수의 합

(음수) + (양수)

= 절댓값이 **큰 수의 부호** | 절댓값 의 **차**

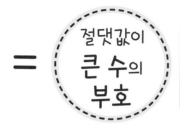 예

$(-3) + (+5) = ⊕ (5-3)$
$= +2$

절댓값   절댓값
3   <   5

(양수) + (음수)

= 절댓값이 **큰 수의 부호** | 절댓값 의 **차**

예

$(+1) + (-4) = ⊖ (4-1)$
$= -3$

절댓값   절댓값
1   <   4

⚠ (음수)+(양수), (양수)+(음수)는 계산 방법이 같아요!

▶ 개념 익히기 2

부호가 다른 두 수의 합을 계산하는 과정입니다. 두 수 중에서 절댓값이 더 큰 수에 ○표 하고, 빈칸에 알맞은 부호를 쓰세요.

01

$(+5) + Ⓐ(-7) = ⊖ (7-5)$

02

$(-6) + (+11) = ◯ (11-6)$

03

$(-9) + (+4) = ◯ (9-4)$

▶ 개념 다지기 1

○ 안에는 부호를, □ 안에는 수를 알맞게 쓰세요.

01 $(+7) + (-3)$

$= + \, (\boxed{7} - \boxed{3})$

$= + \, \boxed{4}$

02 $(-8) + (+2)$

$= \bigcirc \, (\boxed{} - \boxed{})$

$= \bigcirc \, \boxed{}$

03 $(-9) + (+5)$

$= \bigcirc \, (\boxed{} - \boxed{})$

$= \bigcirc \, \boxed{}$

04 $(+6) + (+11)$

$= \bigcirc \, (\boxed{} + \boxed{})$

$= \bigcirc \, \boxed{}$

05 $(+15) + (-20)$

$= \bigcirc \, (\boxed{} - \boxed{})$

$= \bigcirc \, \boxed{}$

06 $(-2) + (+10)$

$= \bigcirc \, (\boxed{} - \boxed{})$

$= \bigcirc \, \boxed{}$

▶ 정답 및 해설 32쪽

2-30

▶ 개념 다지기 2

계산해 보세요.

01 $(+3) + (-9) = -(9-3)$
$\qquad\qquad\quad\; = -6$

답: -6

02 $(-5) + (+4)$

03 $\left(+\dfrac{1}{2}\right) + \left(+\dfrac{3}{2}\right)$

04 $(-6) + (+13)$

05 $(-30) + (+11)$

06 $(+1.2) + (-0.8)$

▶ 개념 마무리 1

계산 결과가 같은 것끼리 연결하세요.

01 $(-2)+(+5)$
$=+(5-2)$
$=+3$

$(+3)+(+1)$

02 $(-1)+(+10)$

$(+11)+(-8)$
$=+(11-8)$
$=+3$

03 $(+12)+(-8)$

$(-10)+(+10)$

04 $(-3)+(-2)$

$(-18)+(+13)$

05 $(+5)+(-5)$

$(+4)+(-6)$

06 $(+7)+(-9)$

$(-4)+(+13)$

▶ 개념 마무리 2

물음에 답하세요.

01 절댓값이 4인 양수와 절댓값이 9인 음수의 합을 구하세요.

$$+4 \qquad\qquad -9$$

$$\rightarrow (+4)+(-9)=-(9-4)$$
$$=-5$$

답: -5

02 절댓값이 $\frac{2}{3}$인 음수와 절댓값이 $\frac{4}{3}$인 음수의 합을 구하세요.

03 절댓값이 0.9인 음수와 절댓값이 2.6인 양수의 합을 구하세요.

04 다음 수 중에서 가장 큰 수와 가장 작은 수의 합을 구하세요.

$$-3.6 \qquad 0 \qquad +7 \qquad \frac{13}{5} \qquad -10$$

05 다음 수 중에서 가장 큰 수와 가장 작은 수의 합을 구하세요.

$$+5 \quad -1 \quad -\frac{3}{2} \quad +\frac{13}{2} \quad +0.2$$

06 다음 수 중에서 가장 큰 수와 가장 작은 수의 합을 구하세요.

$$-2 \quad +4 \quad -3.1 \quad -1.7 \quad +5.2$$

7 덧셈의 법칙

 덧셈에는 2가지 법칙이 있어~

| 덧셈의 **교환법칙** | 두 수의 순서를 바꿔서 더해도 결과는 같아! |

$$\square + \triangle$$
$$=$$
$$\triangle + \square$$

| 덧셈의 **결합법칙** | 세 수를 더할 때 **어느 두 수를** 먼저 더해도 결과는 같아! |

$$(\square + \triangle) + ☆$$
$$=$$
$$\square + (\triangle + ☆)$$

예

$$(-1) + (+2) = (+2) + (-1)$$

예

$$\{(-1) + (+2)\} + (-3)$$
$$=$$
$$(-1) + \{(+2) + (-3)\}$$

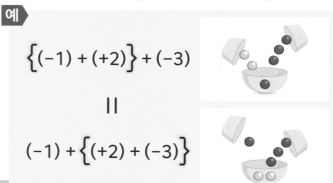

▶ 개념 익히기 1

덧셈의 법칙 중 어떤 것을 사용했는지 알맞게 쓰세요.

01

$$★ + ♥ = ♥ + ★$$

➡ 덧셈의 __교환__ 법칙

02

$$\square + ♣ = ♣ + \square$$

➡ 덧셈의 _____법칙

03

$$(\triangle + ☆) + ♠$$
$$= \triangle + (☆ + ♠)$$

➡ 덧셈의 _____법칙

부호가 다른 두 수의 덧셈은?

절댓값이 **큰 수의 부호** ☐ 절댓값의 **차**

> 덧셈의 법칙으로 이 사실을 다시 확인할 수 있어~

$$(-7) + (+2)$$

-5 -2

합해서 0이 되도록 절댓값이 큰 수를 가르기

$$= \{(-5) + (-2)\} + (+2)$$

덧셈의 **결합법칙**

$$= (-5) + \{\underbrace{(-2) + (+2)}_{=0}\}$$

$$= -5$$

세 수 이상의 덧셈은?

> 덧셈의 법칙으로 계산을 쉽게 할 수 있어~

$$(+4) + (-3) + (+5) + (-7)$$

덧셈의 **교환법칙**

$$= (+4) + (+5) + (-3) + (-7)$$

덧셈의 **결합법칙**

$$= \{(+4) + (+5)\} + \{(-3) + (-7)\}$$

$$= (+9) + (-10)$$

$$= -1$$

▶ 개념 익히기 2

☐로 연결된 수의 합이 0이 되도록, 주어진 수를 알맞게 가르기 하세요.

01

$$(-9) + (+4)$$

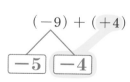

-5 -4

02

$$(+8) + (-7)$$

☐ ☐

03

$$(-5) + (+11)$$

☐ ☐

▶ 정답 및 해설 35쪽

▶ 개념 다지기 1

절댓값이 더 큰 수를 가르기 해서 합이 0이 되는 수에 ╱표 하고, 계산해 보세요.

01 $(-6) + (+10)$

   $\boxed{+6}$ $\boxed{+4}$

   $= \boxed{+4}$

02 $(-9) + (+3)$

   $\boxed{}$ $\boxed{}$

   $= \boxed{}$

03 $(-14) + (+5)$

   $\boxed{}$ $\boxed{}$

   $= \boxed{}$

04 $(+2) + (-7)$

   $\boxed{}$ $\boxed{}$

   $= \boxed{}$

05 $(-8) + (+15)$

   $\boxed{}$ $\boxed{}$

   $= \boxed{}$

06 $(+20) + (-9)$

   $\boxed{}$ $\boxed{}$

   $= \boxed{}$

개념 다지기 2

합이 0이 되는 세 수를 찾아 ○표 하고, 계산해 보세요.

01 $(-2) + (+3) + (+7) + (-5)$
$= +3$

02 $(+2) + (+1) + (-6) + (-3)$

03 $\left(+\dfrac{1}{3}\right) + (-1) + (+5) + (-4)$

04 $(-3.5) + (+2) + (-1.5) + (+5)$

05 $(-13) + (-7) + (+2) + (+1) + (+6)$

06 $\left(-\dfrac{1}{2}\right) + \left(-\dfrac{3}{2}\right) + (+8) + (+2)$

▶ 정답 및 해설 36쪽

▶ 개념 마무리 1

다음 계산 과정에서 사용된 덧셈의 법칙을 쓰고, 빈칸을 알맞게 채우세요.

01

$(-17)+(+29)+(+17)$ ┈┈┐ 덧셈의 **교환** 법칙

$=(+29)+(\boxed{-17})+(+17)$ ◀┄ 덧셈의 **결합** 법칙

$=(+29)+\{(\boxed{-17})+(+17)\}$ ◀┄

$=(+29)+(\boxed{0})$

$=\boxed{+29}$

02

$(-98)+(+84)+(-84)$ ┈┈┐ 덧셈의 ____ 법칙

$=(-98)+\{(+84)+(-84)\}$ ◀┄

$=(-98)+(\boxed{})$

$=\boxed{}$

03

$(-5)+(+25)+(+5)$ ┈┈┐ 덧셈의 ____ 법칙

$=(+25)+(\boxed{})+(+5)$ ◀┄ 덧셈의 ____ 법칙

$=(+25)+\{(\boxed{})+(+5)\}$ ◀┄

$=(+25)+(\boxed{})$

$=\boxed{}$

04

$(+39)+(-52)+(-29)$ ┈┈┐ 덧셈의 ____ 법칙

$=(-52)+(\boxed{})+(\boxed{})$ ◀┄ 덧셈의 ____ 법칙

$=(-52)+\{(\boxed{})+(\boxed{})\}$ ◀┄

$=(-52)+(\boxed{})$

$=\boxed{}$

05

$(+17)+(+6)+(-27)$ ┈┈┐ 덧셈의 ____ 법칙

$=(\boxed{})+(\boxed{})+(+6)$ ◀┄ 덧셈의 ____ 법칙

$=\{(\boxed{})+(\boxed{})\}+(+6)$ ◀┄

$=(\boxed{})+(+6)$

$=\boxed{}$

06

$(-33)+(+99)+(+34)$ ┈┈┐ 덧셈의 ____ 법칙

$=(-33)+(\boxed{})+(\boxed{})$ ◀┄ 덧셈의 ____ 법칙

$=\{(\boxed{})+(\boxed{})\}+(+99)$ ◀┄

$=(\boxed{})+(+99)$

$=\boxed{}$

▶ 개념 마무리 2

계산해 보세요.

01 $(-5)+(+14)+(-9)+(+7)+(-13)$
$=-6$

$$\underbrace{(-5)+(+14)+(-9)}_{=0}+(+7)+(-13)$$
$=(+7)+(-13)$
$=-6$

02 $(-17)+(+43)+(+117)$

03 $(+8)+(-2.1)+(+12)+(+1.1)$

04 $(+26)+(-8)+(-16)+(+38)+(+7)$

05 $\left(+\dfrac{9}{4}\right)+(-5)+(+4)+\left(+\dfrac{3}{4}\right)+(+2)$

06 $(+5.2)+(-4)+(-7)+(+1.8)+(-2.4)$

단원 마무리

01 다음 수를 수직선 위에 나타냈을 때, 0의 왼쪽에 있는 수는?

① 0.5 ② +2

③ $\dfrac{1}{2}$ ④ 10

⑤ −1

02 다음 그림에 알맞은 덧셈식은?

① (+3) + (−5) ② (−3) + (+5)
③ (+3) + (+5) ④ (−3) + (−5)
⑤ (+5) + (−3)

03 다음 중 옳지 <u>않은</u> 것은?

① (+4) + (+1) = +5

② (−3) + (−4) = −7

③ (−2) + (−2) = 0

④ (+6) + (+4) = +10

⑤ $\left(+\dfrac{1}{4} \right) + \left(+\dfrac{3}{4} \right) = +1$

04 빈칸에 알맞은 수를 쓰시오.

$$(-4)+(\boxed{})=-11$$

05 다음을 계산하시오.

$$\left(+\dfrac{11}{5} \right) + \left(-\dfrac{6}{5} \right)$$

06 ●이 −1, ○이 +1을 나타낸다고 할 때, 다음 그림이 나타내는 수를 구하시오.

▶ 정답 및 해설 37~38쪽

07 다음 중 −4와 더한 결과가 양수인 것을 모두 고르면?

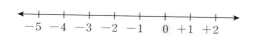

① −1 ② +2 ③ +3
④ +5 ⑤ +6

08 다음 중 옳은 것은?

① 수 바로 앞에 있는 +, −는 계산을 나타낸다.
② 어떤 수에 양수를 더하면 결과는 항상 더 커진다.
③ 두 음수의 합은 양수이다.
④ 부호가 다른 두 수의 합은 두 수의 절댓값의 합에 절댓값이 큰 수의 부호를 붙여서 계산한다.
⑤ $(+3)+(-2)$는 수직선 위의 +3에서 오른쪽으로 2만큼 이동한 수이다.

09 다음 계산 과정에서 사용된 덧셈의 법칙을 구하려고 합니다. ㉠, ㉡에 들어갈 알맞은 말을 쓰시오.

$$\left(+\frac{17}{6}\right)+(-2)+\left(+\frac{1}{6}\right) \cdots\cdots \text{덧셈의 } \underline{\text{㉠}} \text{ 법칙}$$
$$=(-2)+\left(+\frac{17}{6}\right)+\left(+\frac{1}{6}\right) \cdots\cdots \text{덧셈의 } \underline{\text{㉡}} \text{ 법칙}$$
$$=(-2)+\left\{\left(+\frac{17}{6}\right)+\left(+\frac{1}{6}\right)\right\}$$
$$=(-2)+(+3)$$
$$=+1$$

10 절댓값이 같고 부호가 다른 두 수의 합을 구하시오.

11 다음 중 옳은 것은?

① $(-3)+(+4)=-1$
② $(+5)+(-10)=+5$
③ $(-24)+(+30)=+6$
④ $(-8)+(+7)=+1$
⑤ $(+20)+(-29)=+9$

12 ●이 -1, ○이 $+1$을 나타낸다고 할 때, 주어진 수가 되도록 바둑돌을 그리려고 합니다. 어떤 색깔의 바둑돌을 적어도 몇 개 그려야 하는지 쓰시오.

13 계산 결과가 작은 순서대로 기호를 쓰시오.

> ㉠ $(-2)+(-3)$ ㉡ $(+12)+(-19)$
> ㉢ $(-7)+(+1)$ ㉣ $(+6)+(-4)$

14 다음 수 중 절댓값이 가장 큰 수와 절댓값이 가장 작은 수의 합을 구하시오.

> $-3 \quad +5.5 \quad 11 \quad -\dfrac{15}{4} \quad +10.7$

15 다음을 계산하시오.

(1) $(+23)+(-9)+(-23)$

(2) $(+4.25)+\left(+\dfrac{2}{5}\right)+(-1.25)+\left(-\dfrac{17}{5}\right)$

16 절댓값이 14인 음수와 절댓값이 9인 양수의 합을 구하시오.

▶ 정답 및 해설 39~41쪽

17 다음 수직선에서 점 A에 대응하는 수를 구하시오.

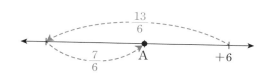

19 다음을 계산하시오.

$$\left(+\frac{1}{5}\right)+\left(-\frac{2}{5}\right)+\left(+\frac{3}{5}\right)+\left(-\frac{4}{5}\right)+\left(+\frac{5}{5}\right)+\left(-\frac{6}{5}\right)$$

18 다음 6장의 수 카드 중에서 2장을 뽑을 때, 뽑은 두 수의 합이 −2인 카드에 ○표 하시오.

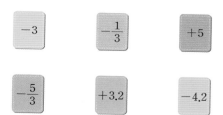

20 다음 표에서 가로, 세로, 대각선에 있는 세 수의 합이 모두 같을 때, ㉠, ㉡, ㉢에 알맞은 수를 각각 구하시오.

㉠	−5	+2
+1	−1	㉡
−4	+3	㉢

21 ^{서술형 문제} $-\dfrac{5}{2}$와 $+\dfrac{7}{4}$ 사이에 있는 모든 정수의 합을 구하시오.

┌ 풀이 ─────────────────┐
│   │
│   │
│   │
│   │
│   │
│   │
│   │
│   │
└────────────────────────┘

22 ^{서술형 문제} 절댓값이 6인 정수와 절댓값이 9인 정수의 합 중에서 가장 작은 값을 구하시오.

┌ 풀이 ─────────────────┐
│   │
│   │
│   │
│   │
│   │
└────────────────────────┘

23 ^{서술형 문제} 다음 조건을 모두 만족하는 수를 모두 쓰시오.

> - -6과의 합이 0보다 작은 정수
> - -2와의 합이 0보다 큰 정수

┌ 풀이 ─────────────────┐
│   │
│   │
│   │
│   │
│   │
│   │
│   │
│   │
└────────────────────────┘

이상한 더하기

일 더하기 일은?

정답 온타육

이 더하기 이는?

정답 잇기

3 유리수의 뺄셈

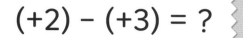

2개밖에 없는데 3개를 빼라고?

이건 더 충격적이네...

이번 단원에서는 빼기만 집중적으로 다뤄보려고 합니다.

더하기의 반대가 빼기라는 것을 이용하여,

수직선과 바둑돌로 정수의 뺄셈을 배울 거예요.

이렇게 정수의 뺄셈을 먼저 공부한 다음,

유리수의 뺄셈으로 내용을 확대할 거예요.

여기까지 공부하고 나면 덧셈과 뺄셈이

같이 나와도 계산할 수 있겠죠?

자~ 그럼 빼기가 더하기의 반대라는 것부터 시작할게요~

＋와 **－**는
부호에서도
반대 방향이었지!

예 지상 3층: +3층
지하 3층: -3층

계산에서도,
빼기는 **더하기**와 **반대**로 이동

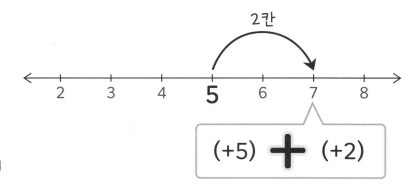

＋ 계산과
－ 계산은
이동 방향이
반대!

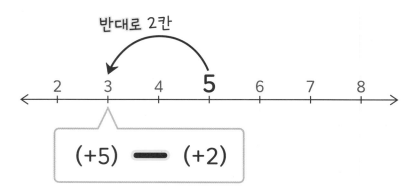

▶ **개념 익히기 1**

○ 안에 ＋, －를 알맞게 쓰세요.

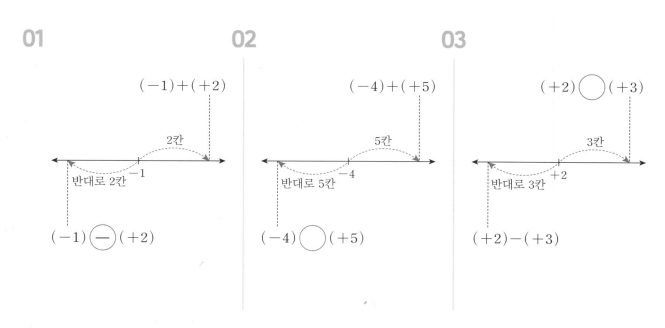

01

$(-1)+(+2)$

2칸

반대로 2칸 -1

$(-1)\;\bigominus\;(+2)$

02

$(-4)+(+5)$

5칸

반대로 5칸 -4

$(-4)\;\bigcirc\;(+5)$

03

$(+2)\;\bigcirc\;(+3)$

3칸

반대로 3칸 $+2$

$(+2)-(+3)$

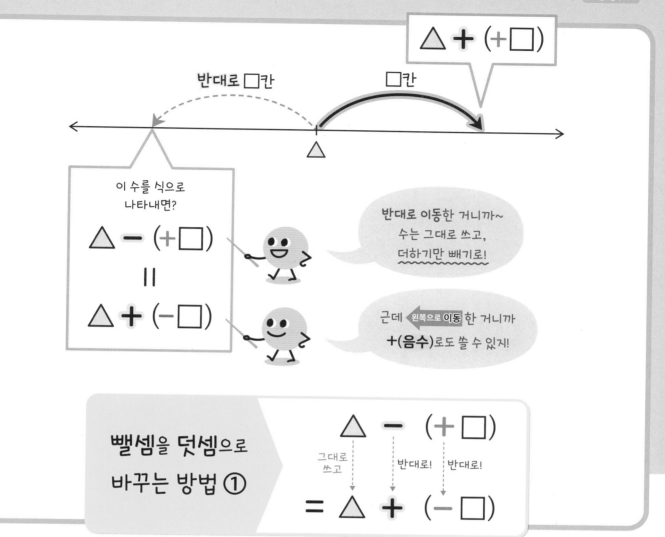

빨셈을 덧셈으로 바꾸는 방법 ①

▶ 개념 익히기 2

○ 안에 +, −를 알맞게 쓰세요.

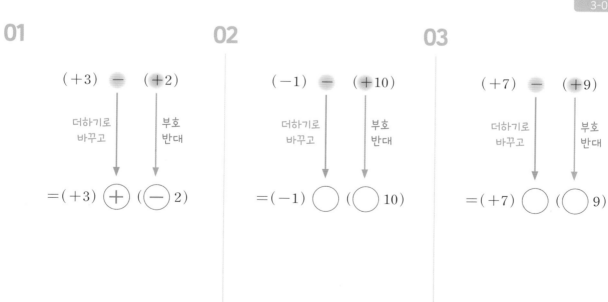

01

$$(+3) \ominus (+2)$$

더하기로 바꾸고   부호 반대

$$=(+3) \oplus (\ominus 2)$$

02

$$(-1) \ominus (+10)$$

더하기로 바꾸고   부호 반대

$$=(-1) \bigcirc (\bigcirc 10)$$

03

$$(+7) \ominus (+9)$$

더하기로 바꾸고   부호 반대

$$=(+7) \bigcirc (\bigcirc 9)$$

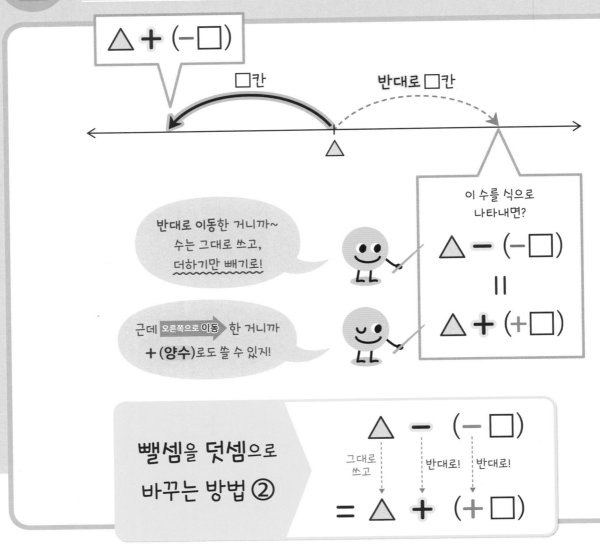

▶ 개념 익히기 1

○ 안에 +, −를 알맞게 쓰세요.

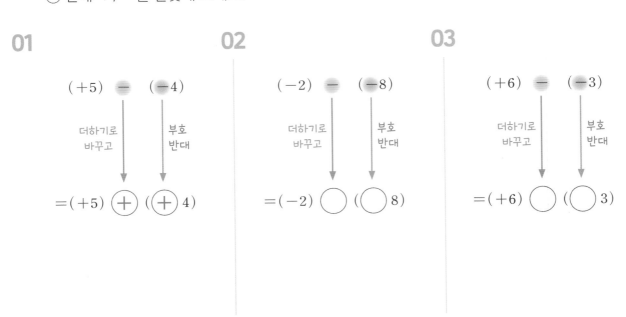

01

$(+5)$ − (-4)

더하기로 바꾸고   부호 반대

$=(+5)\;\bigoplus\;(\bigoplus 4)$

02

(-2) − (-8)

더하기로 바꾸고   부호 반대

$=(-2)\;\bigcirc\;(\bigcirc 8)$

03

$(+6)$ − (-3)

더하기로 바꾸고   부호 반대

$=(+6)\;\bigcirc\;(\bigcirc 3)$

뺄셈 ⟷ 덧셈
바꿔서 계산할 수 있어!

이렇게 기억하면 되겠다!

$$(-3) - (-5)$$

그대로 / 반대로 / 반대로

$$= (-3) + (+5)$$
$$= +2$$

−,−는 +,+로
+,+는 −,−로
바꿀 수 있어~

$$(-2) - (+9)$$

그대로 / 반대로 / 반대로

$$= (-2) + (-9)$$
$$= -11$$

−,+는 +,−로
+,−는 −,+로
바꿀 수 있어~

▶ 개념 익히기 2

○ 안에 +, −를 알맞게 쓰세요.

01

$$(-5) + (- 1)$$
$$= (-5) - (+ 1)$$

02

$$(-4) + (- 3)$$
$$= (-4) - (\bigcirc 3)$$

03

$$(+2) - (- 6)$$
$$= (+2) + (\bigcirc 6)$$

▶ 개념 다지기 1

덧셈은 뺄셈으로, 뺄셈은 덧셈으로 바꿔서 ○ 안에 +, −를 알맞게 쓰세요.

01 $(+ 16) + (− 7)$

$= (+ 16) \bigcirc{-} (\bigcirc{+} 7)$

02 $(+ 21) − (− 13)$

$= (+ 21) \bigcirc (\bigcirc 13)$

03 $(− 17) − (+ 15)$

$= (− 17) \bigcirc (\bigcirc 15)$

04 $(+ 8) + (− 12)$

$= (+ 8) \bigcirc (\bigcirc 12)$

05 $(− 31) + (+ 19)$

$= (− 31) \bigcirc (\bigcirc 19)$

06 $(− 42) − (− 32)$

$= (− 42) \bigcirc (\bigcirc 32)$

▶ 개념 다지기 2

다음 중 계산 결과가 같은 것을 찾아 ◯표 하세요.

01

$(-4)-(-3) = (-4)+(+3)$

$(-4)+(-3)$

$(+4)+(-3)$

$(-4)+(+3)$

02

$(+1)-(-10)$

$(-1)+(-10)$

$(+1)+(-10)$

$(+1)-(+10)$

03

$(-9)+(+2)$

$(+9)-(-2)$

$(+9)-(+2)$

$(+9)+(+2)$

04

$(+7)+(-5)$

$(+7)-(-5)$

$(-7)+(+5)$

$(+7)-(+5)$

05

$(-6)-(-8)$

$(+6)+(-8)$

$(+6)-(+8)$

$(+6)-(-8)$

06

$(-3)-(-11)$

$(-3)-(+11)$

$(-3)+(+11)$

$(+3)+(-11)$

▶ 개념 마무리 1

○ 안에 +, −를 알맞게 쓰세요.

01 $(-80) - (+13)$

$=(-80) \oplus (\ominus 13)$

$= \bigcirc (80 + 13)$

$= \bigcirc 93$

02 $(-24) - (+50)$

$=(-24) \bigcirc (\bigcirc 50)$

$= \bigcirc (24 + 50)$

$= \bigcirc 74$

03 $(+31) - (+37)$

$=(+31) \bigcirc (\bigcirc 37)$

$= \bigcirc (37 - 31)$

$= \bigcirc 6$

04 $(-40) - (-11)$

$=(-40) \bigcirc (\bigcirc 11)$

$= \bigcirc (40 - 11)$

$= \bigcirc 29$

05 $(+8) - (-19)$

$=(+8) \bigcirc (\bigcirc 19)$

$= \bigcirc (8 + 19)$

$= \bigcirc 27$

06 $(-14) - (-26)$

$=(-14) \bigcirc (\bigcirc 26)$

$= \bigcirc (26 - 14)$

$= \bigcirc 12$

▶ 정답 및 해설 44쪽

3-08

개념 마무리 2

계산해 보세요.

01 $(-12)-(+20)$

$=(-12)+(-20)$

$=-(12+20)$

$=-32$

답: -32

02 $(+17)-(+30)$

03 $(+8)-(-41)$

04 $(-23)-(-9)$

05 $(+28)-(-16)$

06 $(+39)-(+60)$

똑같은 것을 빼면 0

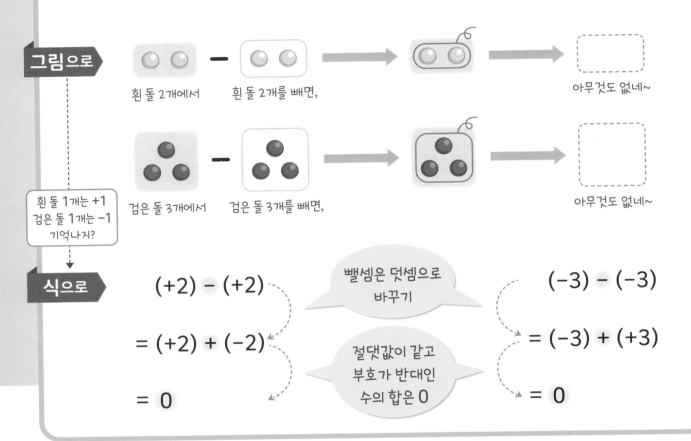

그림으로

흰 돌 2개에서   흰 돌 2개를 빼면,   아무것도 없네~

검은 돌 3개에서   검은 돌 3개를 빼면,   아무것도 없네~

흰 돌 1개는 +1
검은 돌 1개는 −1
기억나지?

식으로

$(+2) − (+2)$

빨셈은 덧셈으로 바꾸기

$(−3) − (−3)$

$= (+2) + (−2)$

절댓값이 같고 부호가 반대인 수의 합은 0

$= (−3) + (+3)$

$= 0$

$= 0$

▶ 개념 익히기 1

계산 결과에 알맞게 바둑돌을 그리고, 빈칸에 수를 쓰세요.

01

$(+4)$ − $(\boxed{+4})$ = 0 → 아무것도 없음

02

$(−2)$ − $(\boxed{})$ = $\boxed{}$ → 아무것도 없음

03

$(\boxed{})$ − $(+3)$ = $\boxed{}$ → 아무것도 없음

▶ 정답 및 해설 45쪽

$(+4) - (-2) = ?$

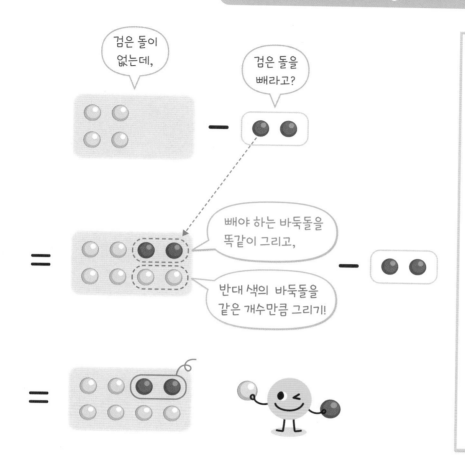

$(+4) \underset{+0}{-} (\underset{}{-2})$

$= (+4) + \begin{pmatrix} +2 \\ + \\ -2 \end{pmatrix} - (-2)$

$= (+4) + (+2)$
$\qquad + \underbrace{(-2) - (-2)}_{\text{같은 수를 빼면 0}}$

$= (+4) + (+2)$

$= +6$

▶ **개념 익히기 2**

빼야 하는 바둑돌에 / 표시를 하고, 계산 결과에 알맞게 바둑돌을 그리세요.

01

02

03

▶ 정답 및 해설 46쪽

▶ 개념 다지기 1

뺄셈을 할 수 있도록 왼쪽 그림에 흰 돌 ⊕과 검은 돌 ⊖을 알맞게 그리세요.

01

02

03

04

05

06

▶ 정답 및 해설 47쪽

▶ 개념 다지기 2

뺄셈을 할 수 있도록 흰 돌 ⊕과 검은 돌 ⊖을 알맞게 그리고, 계산 결과를 쓰세요.

01

계산 결과 ➡ ___흰___ 돌 ___3___ 개

02

계산 결과 ➡ _____ 돌 _____ 개

03

계산 결과 ➡ _____ 돌 _____ 개

04

계산 결과 ➡ _____ 돌 _____ 개

05

계산 결과 ➡ _____ 돌 _____ 개

06

계산 결과 ➡ _____ 돌 _____ 개

▶ 개념 마무리 1

빼셈을 할 수 있도록 바둑돌을 그렸습니다. 그림을 보고, 빈칸을 알맞게 채우세요.

01

$$(+4) - (-3)$$
$$= (+4) \boxed{+} (\boxed{+3})$$

02

$$(-3) - (+1)$$
$$= (-3) \bigcirc (\boxed{})$$

03

$$(-4) - (+3)$$
$$= (-4) \bigcirc (\boxed{})$$

04

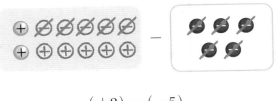

$$(+2) - (-5)$$
$$= (+2) \bigcirc (\boxed{})$$

05

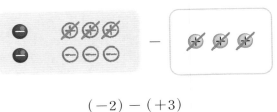

$$(+6) - (-2)$$
$$= (+6) \bigcirc (\boxed{})$$

06

$$(-2) - (+3)$$
$$= (-2) \bigcirc (\boxed{})$$

▶ 개념 마무리 2

그림을 보고, 빈칸을 알맞게 채우며 계산해 보세요.

01

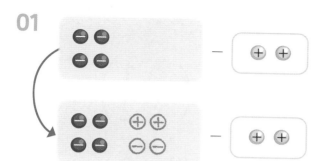

$(-4)-(+2)$

$=(-4)+\left\{(+2)+\left(\boxed{-2}\right)\right\}-(+2)$

$=(-4)+\left(\boxed{-2}\right)+\left(\boxed{+2}\right)-(+2)$ 같은 수끼리 빼면 0

$=(-4)+\left(\right)$

$=\boxed{}$

02

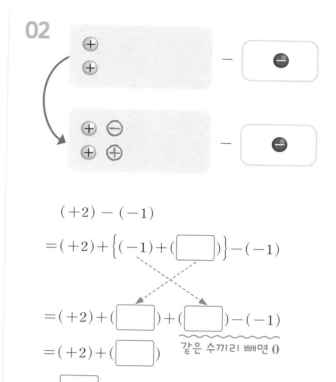

$(+2)-(-1)$

$=(+2)+\left\{(-1)+\left(\right)\right\}-(-1)$

$=(+2)+\left(\right)+\left(\right)-(-1)$ 같은 수끼리 빼면 0

$=(+2)+\left(\right)$

$=\boxed{}$

03

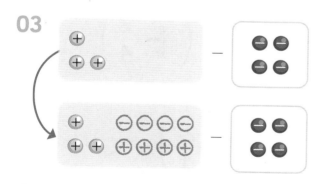

$(+3)-(-4)$

$=(+3)+\left\{(-4)+\left(\right)\right\}-(-4)$

$=(+3)+\left(\right)+\left(\right)-(-4)$ 같은 수끼리 빼면 0

$=(+3)+\left(\right)$

$=\boxed{}$

04

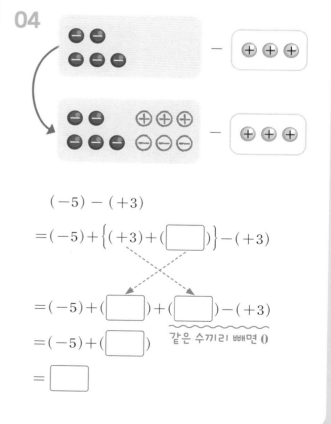

$(-5)-(+3)$

$=(-5)+\left\{(+3)+\left(\right)\right\}-(+3)$

$=(-5)+\left(\right)+\left(\right)-(+3)$ 같은 수끼리 빼면 0

$=(-5)+\left(\right)$

$=\boxed{}$

4 유리수의 덧셈, 뺄셈

유리수의 덧셈, 뺄셈 도 정수의 덧셈, 뺄셈 처럼 계산해!

통분의 기본원리

☆ 분모와 분자에 0이 아닌 같은 수를 곱하거나, 나누어도 분수의 크기는 변하지 않는다!

예 $\dfrac{1}{2} \underset{\div 2}{\overset{\div 2}{=}} \dfrac{2}{4} \underset{\times 2}{\overset{\times 2}{=}} \dfrac{4}{8}$

통분하는 방법

☆ 분모들의 공배수가 공통분모가 되도록 통분!

$$\left(+\frac{3}{4}\right) - \left(-\frac{1}{2}\right)$$

$$= \left(+\frac{3}{4}\right) - \left(-\frac{2}{4}\right)$$

이렇게 분모를 같게 하는 것이 통분!
같아진 분모가 공통분모~

뺄셈은 덧셈으로 바꿔서 계산~

$\triangle - (\bigcirc \square)$

더하기로 바꾸고, 부호를 반대로!

$= \triangle + (\bigcirc \square)$

$$= \left(+\frac{3}{4}\right) - \left(-\frac{2}{4}\right)$$

더하기로 바꾸고, 부호를 반대로!

$$= \left(+\frac{3}{4}\right) + \left(+\frac{2}{4}\right)$$

덧셈은 말이지~

+ + + , − + − ⟶ 절댓값의 합
공통의 부호

+ + − , − + + ⟶ 절댓값의 차
절댓값이 큰 수의 부호

$$= + \left(\frac{3}{4} + \frac{2}{4}\right)$$

공통의 부호   절댓값의 합

분모가 같은 분수의 덧셈, 뺄셈
$$\frac{\triangle}{\square} + \frac{☆}{\square} = \frac{\triangle + ☆}{\square}$$
$$\frac{\triangle}{\square} - \frac{☆}{\square} = \frac{\triangle - ☆}{\square}$$

$$= + \frac{3+2}{4}$$

$$= + \frac{5}{4}$$

＊ 대분수로 바꿔 쓰지 않아도 돼요!

▶ 개념 익히기 1

계산 과정을 보고, ◯ 안에 +, -를 알맞게 쓰세요.

01

$$\left(-\frac{3}{2}\right) - \left(+\frac{1}{2}\right)$$

$$= \left(-\frac{3}{2}\right) + \left(\ominus\frac{1}{2}\right)$$

$$= \ominus\left(\frac{3}{2}\oplus\frac{1}{2}\right)$$

02

$$\left(+\frac{1}{4}\right) - \left(-\frac{5}{4}\right)$$

$$= \left(+\frac{1}{4}\right) + \left(\bigcirc\frac{5}{4}\right)$$

$$= \bigcirc\left(\frac{1}{4}\bigcirc\frac{5}{4}\right)$$

03

$$\left(-\frac{5}{6}\right) + \left(+\frac{7}{6}\right)$$

$$= \bigcirc\left(\frac{7}{6}\bigcirc\frac{5}{6}\right)$$

▶ 개념 익히기 2

계산해 보세요.

01

$$\frac{5}{13} + \frac{7}{13} = \frac{12}{13}$$

02

$$\frac{10}{11} + \frac{4}{11}$$

03

$$\frac{7}{9} - \frac{5}{9}$$

▶ 개념 다지기 1

덧셈, 뺄셈을 할 수 있도록 두 분수의 분모를 주어진 수로 통분하세요.

01 분모를 10으로 통분

$$\left(+\frac{3}{5}, -\frac{1}{2}\right) \Rightarrow \left(+\frac{6}{10}, -\frac{5}{10}\right)$$

02 분모를 20으로 통분

$$\left(-\frac{1}{4}, -\frac{7}{10}\right) \Rightarrow$$

03 분모를 16으로 통분

$$\left(+\frac{9}{16}, +\frac{3}{4}\right) \Rightarrow$$

04 분모를 50으로 통분

$$\left(-\frac{1}{10}, +\frac{1}{25}\right) \Rightarrow$$

05 분모의 최소공배수로 통분

$$\left(-\frac{7}{6}, -\frac{2}{9}\right) \Rightarrow$$

06 분모의 최소공배수로 통분

$$\left(+\frac{1}{12}, -\frac{3}{8}\right) \Rightarrow$$

▶ 정답 및 해설 49쪽

▶ 개념 다지기 2

두 수의 절댓값의 크기를 비교하여 ○ 안에 >, <를 알맞게 쓰고, 물음에 답하세요.

01 $\left(+\dfrac{5}{6}\right)+\left(-\dfrac{6}{7}\right)$을 계산했을 때, 부호는?

$$\left|+\dfrac{5}{6}\right| \ < \ \left|-\dfrac{6}{7}\right|$$

$$= \quad\quad =$$
$$\dfrac{5}{6} \quad\quad \dfrac{6}{7}$$
$$= \quad\quad =$$
$$\dfrac{35}{42} \quad\quad \dfrac{36}{42}$$

답: ―

02 $\left(-\dfrac{7}{9}\right)+\left(+\dfrac{2}{3}\right)$를 계산했을 때, 부호는?

$$\left|-\dfrac{7}{9}\right| \ \bigcirc \ \left|+\dfrac{2}{3}\right|$$

03 $\left(+\dfrac{2}{15}\right)+\left(-\dfrac{3}{10}\right)$을 계산했을 때, 부호는?

$$\left|+\dfrac{2}{15}\right| \ \bigcirc \ \left|-\dfrac{3}{10}\right|$$

04 $\left(+\dfrac{2}{7}\right)+\left(-\dfrac{1}{5}\right)$을 계산했을 때, 부호는?

$$\left|+\dfrac{2}{7}\right| \ \bigcirc \ \left|-\dfrac{1}{5}\right|$$

05 $\left(-\dfrac{97}{100}\right)+\left(+\dfrac{24}{25}\right)$를 계산했을 때, 부호는?

$$\left|-\dfrac{97}{100}\right| \ \bigcirc \ \left|+\dfrac{24}{25}\right|$$

06 $\left(-\dfrac{2}{3}\right)+\left(+\dfrac{3}{4}\right)$을 계산했을 때, 부호는?

$$\left|-\dfrac{2}{3}\right| \ \bigcirc \ \left|+\dfrac{3}{4}\right|$$

3-19

▶ 개념 마무리 1

계산 과정에 따라 빈칸을 알맞게 채우세요.

01

$$\left(-\frac{7}{12}\right)+\left(+\frac{2}{3}\right)$$

통분

$$=\left(-\frac{7}{12}\right)+\left(+\frac{8}{12}\right)$$

$$=\bigcirc\left(\square-\square\right)$$

절댓값이
큰 수 부호 → 　　　절댓값의 차

$$=\square$$

02

$$\left(-\frac{8}{3}\right)+\left(-\frac{4}{9}\right)$$

통분

$$=\left(\square\right)+\left(\square\right)$$

$$=\bigcirc\left(\square+\square\right)$$

공통
부호 →　　　절댓값의 합

$$=\square$$

03

$$\left(+\frac{1}{8}\right)+\left(-\frac{5}{4}\right)$$

통분

$$=\left(\square\right)+\left(\square\right)$$

$$=\bigcirc\left(\square-\square\right)$$

절댓값이
큰 수 부호 →　　　절댓값의 차

$$=\square$$

04

$$\left(+\frac{3}{2}\right)-\left(-\frac{6}{7}\right)$$

통분

$$=\left(\square\right)-\left(\square\right)$$

뺄셈은
덧셈으로

$$=\left(\square\right)+\left(\square\right)$$

$$=\bigcirc\left(\square+\square\right)$$

공통
부호 →　　　절댓값의 합

$$=\square$$

05

$$\left(+\frac{3}{10}\right)-\left(+\frac{2}{5}\right)$$

통분

$$=\left(\square\right)-\left(\square\right)$$

뺄셈은
덧셈으로

$$=\left(\square\right)+\left(\square\right)$$

$$=\bigcirc\left(\square-\square\right)$$

$$=\square$$

06

$$\left(-\frac{1}{6}\right)-\left(+\frac{4}{15}\right)$$

통분

$$=\left(\square\right)-\left(\square\right)$$

뺄셈은
덧셈으로

$$=\left(\square\right)+\left(\square\right)$$

$$=\bigcirc\left(\square+\square\right)$$

$$=\square$$

▶ 개념 마무리 2

계산해 보세요.

01 $\left(+\dfrac{2}{15}\right)-\left(+\dfrac{1}{4}\right)$

$=\left(+\dfrac{8}{60}\right)-\left(+\dfrac{15}{60}\right)$

$=\left(+\dfrac{8}{60}\right)+\left(-\dfrac{15}{60}\right)$

$=-\left(\dfrac{15}{60}-\dfrac{8}{60}\right)$

$=-\dfrac{7}{60}$

답: $-\dfrac{7}{60}$

02 $\left(-\dfrac{3}{2}\right)+\left(-\dfrac{5}{7}\right)$

03 $\left(-\dfrac{7}{6}\right)+\left(+\dfrac{1}{11}\right)$

04 $\left(+\dfrac{10}{9}\right)-\left(+\dfrac{1}{3}\right)$

05 $\left(-\dfrac{7}{5}\right)-\left(-\dfrac{1}{20}\right)$

06 $\left(+\dfrac{11}{12}\right)-\left(-\dfrac{9}{8}\right)$

5 분수와 소수의 덧셈, 뺄셈

분수와 소수가 함께 있는 덧셈과 뺄셈

소수를 분수로 바꾸는 방법~!

$$\smile.\square = \frac{\cancel{W}}{10}$$

소수점을 뺀 수를 쓰기

예 $0.4 = \frac{4}{10}$

$$\smile.\square\square = \frac{\cancel{W}}{100}$$

예 $1.25 = \frac{125}{100}$

$$\smile.\square\square\square = \frac{\cancel{W}}{1000}$$

예 $23.119 = \frac{23119}{1000}$

방법1 소수를 $\rightsquigarrow$ 분수로 바꿔서 계산하기

$$(+1.25) + \left(-\frac{1}{4}\right)$$

$$= \left(+\frac{125}{100}\right) + \left(-\frac{1}{4}\right)$$

$$= \left(+\frac{5}{4}\right) + \left(-\frac{1}{4}\right)$$

$$= +\left(\frac{5}{4} - \frac{1}{4}\right)$$

$$= +\frac{4}{4} = +1$$

이렇게 계산해도 돼~

$$= \left(+\frac{125}{100}\right) + \left(-\frac{25}{100}\right)$$

$$= +\left(\frac{125}{100} - \frac{25}{100}\right)$$

$$= +\frac{100}{100}$$

$$= +1$$

▶ **개념 익히기 1**

소수를 분수로 쓰세요.

01

$$1.1 = \boxed{\frac{11}{10}}$$

02

$$0.91 = \boxed{}$$

03

$$2.043 = \boxed{}$$

방법2 분수를 〰〰➤ 소수로 바꿔서
계산하기

$$(+1.25) + \left(-\frac{1}{4}\right)$$

$$= (+1.25) + \left(-\frac{25}{100}\right)$$

$$= (+1.25) + (-0.25)$$

$$= + (1.25 - 0.25)$$

$$= +1$$

소수의 덧셈, 뺄셈은
소수점을 기준으로
세로셈으로 쓰고
같은 자리끼리 계산

```
   1.25
 - 0.25
 ──────
   1.0̸0̸
```

분수를 소수로 바꾸는 방법~!

➤ 분모가 10, 100, 1000, …인 분수만 소수로 바꿀 수 있어!

자주 나오는 분수를 소수로 바꾸는 방법을 알려줄게~

$\dfrac{\boxed{}\ ^{\times 5}}{2\ _{\times 5}}$　$\dfrac{\boxed{}\ ^{\times 2}}{5\ _{\times 2}}$　➤　$\dfrac{\text{〰〰}}{10} = \smile.\square$

$\dfrac{\boxed{}\ ^{\times 25}}{4\ _{\times 25}}$　$\dfrac{\boxed{}\ ^{\times 4}}{25\ _{\times 4}}$　➤　$\dfrac{\text{〰〰}}{100} = \smile.\square\square$

$\dfrac{\boxed{}\ ^{\times 125}}{8\ _{\times 125}}$　➤　$\dfrac{\text{〰〰}}{1000} = \smile.\square\square\square$

▶ 개념 익히기 2

분수를 소수로 쓰는 과정입니다. 빈칸을 알맞게 채우세요.

3-22

01

$$\frac{5}{8} \times \dfrac{\boxed{125}}{_{125}} = \dfrac{\boxed{625}}{1000} = \boxed{}$$

02

$$\frac{\cancel{3}^{\,1}}{\cancel{6}_{\,2}} = \dfrac{1}{2} \times \dfrac{\boxed{}}{_{5}} = \dfrac{5}{\boxed{}} = \boxed{}$$

03

$$\frac{7}{4} \times \dfrac{\boxed{}}{_{25}} = \dfrac{\boxed{}}{100} = \boxed{}$$

▶ 개념 다지기 1

● 안의 수를 분수는 소수로, 소수는 분수로 바꿔 쓰세요. (단, 분수는 기약분수로 쓰세요.)

01 $\left(-\dfrac{15}{12}\right) + (+0.4)$

$$\boxed{-1.25}$$

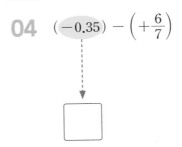

$$-\dfrac{\cancel{15}^{5}}{\cancel{12}_{4}} = -\dfrac{5}{4}\dfrac{\times 25}{\times 25} = -\dfrac{125}{100}$$
$$= -1.25$$

02 $(+3.7) - \left(-\dfrac{1}{8}\right)$

$$\boxed{}$$

03 $\left(-\dfrac{8}{3}\right) + (+1.2)$

$$\boxed{}$$

04 $(-0.35) - \left(+\dfrac{6}{7}\right)$

$$\boxed{}$$

05 $\left(+\dfrac{31}{25}\right) + (-9.03)$

$$\boxed{}$$

06 $\left(+\dfrac{11}{6}\right) - (-12.5)$

$$\boxed{}$$

▶ 개념 다지기 2

덧셈식에서 두 수의 절댓값의 크기를 비교하여 ○ 안에 >, <를 알맞게 쓰세요.

01 $\left(-\dfrac{8}{5}\right) \; + \; (+1.2)$

$$\left|-\dfrac{8}{5}\right| \; \boxed{>} \; |+1.2|$$

$$\begin{array}{ccc} \| & & \| \\ \dfrac{8}{5} & & 1.2 \\ \| & & \\ \dfrac{16}{10} & & \\ \| & & \\ 1.6 & & \end{array}$$

02 $\left(-\dfrac{7}{2}\right) \; + \; (+3.1)$

$$\left|-\dfrac{7}{2}\right| \; \bigcirc \; |+3.1|$$

03 $\left(-\dfrac{2}{9}\right) \; + \; (+0.4)$

$$\left|-\dfrac{2}{9}\right| \; \bigcirc \; |+0.4|$$

04 $\left(-\dfrac{9}{11}\right) \; + \; \left(+\dfrac{5}{6}\right)$

$$\left|-\dfrac{9}{11}\right| \; \bigcirc \; \left|+\dfrac{5}{6}\right|$$

05 $\left(-\dfrac{13}{20}\right) \; + \; (+0.57)$

$$\left|-\dfrac{13}{20}\right| \; \bigcirc \; |+0.57|$$

06 $\left(+\dfrac{15}{4}\right) \; + \; (-2.8)$

$$\left|+\dfrac{15}{4}\right| \; \bigcirc \; |-2.8|$$

▶ 개념 마무리 1

빈칸을 채우며 계산하세요.

01

$$\left(+\frac{1}{8}\right)-(+2.425)$$

$$=\left(+\frac{1}{8}\times\frac{\boxed{125}}{\times 125}\right)-(+2.425)$$

$$=\left(+\frac{\boxed{125}}{1000}\right)-(+2.425)$$

$$=\left(+\boxed{0.125}\right)-(+2.425)$$

$$=\left(+\boxed{0.125}\right)\bigoplus\left(\bigominus 2.425\right)$$

$$=\bigcirc\boxed{\qquad}\quad\longleftarrow\text{소수로}$$

02

$$\left(-\frac{5}{9}\right)-(+0.3)$$

$$=\left(-\frac{5}{9}\right)-\left(+\frac{\Box}{10}\right)$$

$$=\left(-\frac{5}{9}\times\frac{\Box}{\times 10}\right)-\left(+\frac{\Box}{10}\times 9\right)$$

$$=\left(-\frac{\Box}{\Box}\right)-\left(+\frac{\Box}{\Box}\right)$$

$$=\left(-\frac{\Box}{\Box}\right)\bigcirc\left(-\frac{\Box}{\Box}\right)$$

$$=\bigcirc\boxed{\qquad}\quad\longleftarrow\text{기약분수로}$$

03

$$(-1.44)-\left(+\frac{5}{4}\right)$$

$$=(-1.44)-\left(+\frac{5}{4}\times\frac{\Box}{\times 25}\right)$$

$$=(-1.44)-\left(+\frac{\Box}{100}\right)$$

$$=(-1.44)-(+1.25)$$

$$=(-1.44)+\left(\bigcirc\boxed{\qquad}\right)$$

$$=\bigcirc\boxed{\qquad}\quad\longleftarrow\text{소수로}$$

04

$$(-0.7)-\left(+\frac{14}{15}\right)$$

$$=\left(-\frac{7}{10}\right)-\left(+\frac{14}{15}\right)$$

$$=\left(-\frac{\Box}{30}\right)-\left(+\frac{\Box}{30}\right)$$

$$=\left(-\frac{\Box}{30}\right)+\left(\bigcirc\frac{\Box}{30}\right)$$

$$=\bigcirc\boxed{\qquad}\quad\longleftarrow\text{기약분수로}$$

3-26

▶ 개념 마무리 2

계산해 보세요.

01 $(-2.3)-\left(-\dfrac{6}{5}\right)$

$=(-2.3)-\left(-\dfrac{12}{10}\right)$

$=(-2.3)-(-1.2)$

$=(-2.3)+(+1.2)$

$=-1.1$

답: -1.1 또는 $-\dfrac{11}{10}$

02 $(+1.8)-\left(+\dfrac{9}{4}\right)$

03 $\left(-\dfrac{3}{8}\right)-(-2)$

04 $(-3.5)+\left(-\dfrac{7}{20}\right)$

05 $(+0.2)-\left(+\dfrac{9}{12}\right)$

06 $(-3.3)-\left(+\dfrac{40}{25}\right)$

6 식을 간단히 하기

식을 간단히 쓰는 네 가지 방법

괄호를 생략해서,

방법1 양수의 **+** 부호는 생략

예

$$(+7) + (-3)$$

생략!

부호가 없으니까 괄호도 필요 없네~

$$= (\;7\;) + (-3)$$

$$= 7 + (-3)$$

이렇게 바꿔서 쓰고~

$$= 7 - (+3)$$

+부호, 괄호 생략!

$$= 7 - 3$$

$$(+7) + (-3)$$
$$= 7 - 3$$

규칙대로 간단히 쓰니까 +만 없앤 것과 같네!

방법2 맨 앞의 괄호는 음수여도 생략

예

$$(-4) + (-7)$$

맨 앞의 수는 괄호를 생략!

$$= -4 + (-7)$$

$$= -4 - (+7)$$

+부호, 괄호 생략!

$$= -4 - 7$$

$$(-4) + (-7)$$
$$= -4 - 7$$

▶ 개념 익히기 1

주어진 식을 간단히 쓴 것에 V표 하세요.

01

$$(+11)+(-8)$$

$11 - 8$ ☑

$11 + 8$ ☐

02

$$(-6)+(-1)$$

$-6 + 1$ ☐

$-6 - 1$ ☐

03

$$(+7)-(+2)$$

$7 + 2$ ☐

$7 - 2$ ☐

방법3 ＋＋는 ＋로!

예

$$(-4) + (+2)$$

> 맨 앞의 수는 괄호를 생략!

$$= -4 \, \boxed{+ \, (+2)}$$

> 이렇게 바꿔서 쓰기

$$= -4 \, \boxed{+} \, 2$$

> ＋가 나란히 2개면, ＋는 1개만

$$+ \, + \rightarrow +$$

방법4 －－는 ＋로!

예

$$(-5) - (-2)$$

$$= -5 \, \boxed{- \, (-2)}$$

> 이렇게 바꿔서 쓰기

$$= -5 \, \boxed{+ \, (+2)}$$

$$= -5 \, \boxed{+} \, 2$$

> －가 나란히 2개면, ＋가 1개

$$- \, - \rightarrow +$$

▶ 개념 익히기 2

○ 안에 ＋, －를 알맞게 써서 식을 간단히 하세요.

01

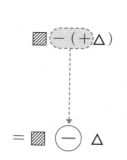

$$▨ - (+△)$$

$$= ▨ \; \ominus \; △$$

02

$$▨ - (-☆)$$

$$= ▨ \; \bigcirc \; ☆$$

03

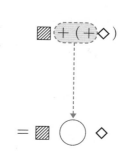

$$▨ + (+◇)$$

$$= ▨ \; \bigcirc \; ◇$$

▶ 정답 및 해설 52쪽

▶ 개념 다지기 1

○ 안에 $+$, $-$를 알맞게 쓰세요.

01 $8 \ominus 12$

$= (+8) \ominus (+12)$

02 $-7 \oplus 15$

$= (-7) \bigcirc (+15)$

03 $-3 \ominus 13$

$= (-3) \bigcirc (-13)$

04 $\dfrac{7}{4} \oplus \dfrac{1}{4}$

$= \left(+\dfrac{7}{4}\right) \bigcirc \left(-\dfrac{1}{4}\right)$

05 $-32 \ominus 55$

$= (-32) \bigcirc (+55)$

06 $16 \ominus 47$

$= (+16) \bigcirc (-47)$

▶ 정답 및 해설 52쪽

3-30

개념 다지기 2

괄호를 생략하여 식을 간단히 쓰세요. (계산은 하지 않아도 됩니다.)

01 $\left(-\frac{4}{5}\right)+(+2)$

$=-\frac{4}{5}+2$

02 $(-20)-(-13)$

03 $(+7)-(+17)$

04 $\left(-\frac{7}{4}\right)+(+3)$

05 $(-1.5)+(-5)$

06 $(+4)+\left(-\frac{19}{2}\right)$

▶ 개념 마무리 1

생략된 괄호를 되살려서 덧셈식으로 바꿔 쓰세요.

01 $-\dfrac{8}{7}-11$

$=\left(-\dfrac{8}{7}\right)\bigcirc\!\!-\left(\bigcirc\!\!+11\right)$

$=\left(-\dfrac{8}{7}\right)+\left(\bigcirc\!\!-11\right)$

02 $-101+103$

$=(-101)+\left(\bigcirc\,103\right)$

03 $96-10$

$=\left(\bigcirc\,96\right)\bigcirc\left(\bigcirc\,10\right)$

$=\left(\bigcirc\,96\right)+\left(\bigcirc\,10\right)$

04 $-4-15$

$=\left(\bigcirc\,4\right)\bigcirc\left(\bigcirc\,15\right)$

$=\left(\bigcirc\,4\right)+\left(\bigcirc\,15\right)$

05 $-0.7+16$

06 $\dfrac{3}{10}-2$

▶ 개념 마무리 2

셋 중에서 다른 식 하나를 찾아 ×표 하세요.

01

$(-10)+7$ (   )

$(-10)+(+7)$ (   )

$(-10)-(+7)$ (×)

02

$(+4)-(+12)$ (   )

$4-(+12)$ (   )

$4+(+12)$ (   )

03

$8-(-3)$ (   )

$8+(-3)$ (   )

$8+(+3)$ (   )

04

$-6-(+9)$ (   )

$-6+(-9)$ (   )

$(-6)-(-9)$ (   )

05

$10+(-100)$ (   )

$(+10)-(-100)$ (   )

$(+10)-100$ (   )

06

$(-37)-(+41)$ (   )

$-37+(+41)$ (   )

$(-37)-(-41)$ (   )

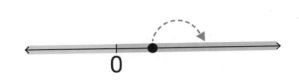

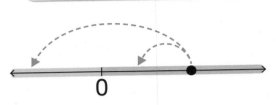

예 $2 + 3 = 5$

(양수) + (양수) = (양수)

> 양수끼리의 덧셈은 초등에서 배운것과 똑같네~

예 $1 - \dfrac{3}{5} = \dfrac{2}{5}$

(큰 수) − (작은 수) = (양수)

> 빼기는, 작은 수를 빼는지 큰 수를 빼는지 잘 봐야 해!

$1 - \dfrac{9}{5} = -\dfrac{4}{5}$

(작은 수) − (큰 수) = (음수)

▶ **개념 익히기 1**

○ 안에 >, <를 알맞게 쓰세요.

01

$4 - 8 \;\textcircled{<}\; 0$

02

$6 - 3 \;\bigcirc\; 0$

03

$2 - 7 \;\bigcirc\; 0$

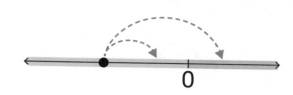

$$-\triangle - \square$$

예 $-1 - 1.5 = -2.5$

(음수)에서 (양수)를 빼면, (음수)

$$-2 - 3 = -5$$

작은 수 큰 수

작은 수에서 큰 수를 빼니까 음수!

$$-\triangle + \square$$

예 $-1 + 0.6 = -0.4$

(음수)에서 (양수)를 조금 더하면, (음수)

$$-1 + 1.4 = 0.4$$

(음수)에서 (양수)를 많이 더하면, (양수)

▶ 개념 익히기 2

계산 결과로 알맞은 것에 ○표 하세요.

01

음수 $-3 =$
- 양수
- (음수)
- 알 수 없음

02

음수 $+10 =$
- 양수
- 음수
- 알 수 없음

03

음수 $-4 =$
- 양수
- 음수
- 알 수 없음

▶ 정답 및 해설 54쪽

▶ 개념 다지기 1

주어진 식에 알맞게 수직선에 화살표를 그리고, 빈칸을 알맞게 채우세요.

01 $-3+2$

➡ $-3+2 \boxed{<} 0$

$-3+2=\boxed{-1}$

02 $-5+7$

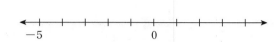

➡ $-5+7 \bigcirc 0$

$-5+7=\boxed{}$

03 $3-5$

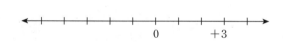

➡ $3-5 \bigcirc 0$

$3-5=\boxed{}$

04 $-6+4$

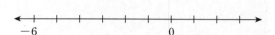

➡ $-6+4 \bigcirc 0$

$-6+4=\boxed{}$

05 $-1+8$

➡ $-1+8 \bigcirc 0$

$-1+8=\boxed{}$

06 $9-12$

➡ $9-12 \bigcirc 0$

$9-12=\boxed{}$

▶ 정답 및 해설 54쪽

3-36

개념 다지기 2

계산 결과가 양수인 것에는 '양', 음수인 것에는 '음'이라고 쓰세요.

01 $4-3$ (양)

$4-7$ (음)

02 $-8-3$ (   )

$-8+6$ (   )

03 $1-\frac{3}{2}$ (   )

$1+\frac{1}{2}$ (   )

04 $7-6$ (   )

$7-11$ (   )

05 $-9+5.5$ (   )

$-9+8$ (   )

06 $-12+15$ (   )

$-12-13$ (   )

▶ 개념 마무리 1

계산해 보세요.

01 $8-10 = -2$

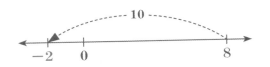

02 $-6+5$

03 $-7+12$

04 $4-\dfrac{9}{2}$

05 $0.25-\dfrac{3}{4}$

06 $-1.6+3$

▶ 개념 마무리 2

옳은 설명에는 ○표, 틀린 설명에는 ×표 하세요.

01

(양수)＋(양수)는 항상 양수이다. (○)

02

뺄셈을 할 때는 덧셈으로 바꾸고 앞의 수의 부호를 반대로 바꿔서 계산한다. ( )

03

(음수)＋(양수)에서 맨 앞의 괄호는 생략할 수 없다. ( )

04

작은 수에서 큰 수를 빼면 항상 음수이다. ( )

05

(음수)－(양수)는 항상 음수이다. ( )

06

(양수)－(양수)는 항상 0보다 크거나 같다. ( )

8 여러 수의 덧셈, 뺄셈

괄호가 생략된 여러 수의 계산은 어떻게 하지?

$$-2 + 5 - 8 + 4$$

방법 ① 괄호를 생략한 채 **앞에서부터 계산**

$$-2 + 5 - 8 + 4 = -1$$

+3

−5

−1

방법 ② 생략된 괄호를 되살려서 **덧셈식으로 계산**

$$-2 + 5 - 8 + 4$$

부호가 ⊖   부호가 ⊕   부호가 ⊕   부호가 ⊕

수 사이사이에 **+**를 넣은 것 같네~

$$= (-2) + (+5) - (+8) + (+4)$$

덧셈식으로 바꾸기

$$= (-2) + (+5) + (-8) + (+4)$$

덧셈의 교환법칙

$$= (-2) + (-8) + (+5) + (+4)$$

−10   +9

$$= (-10) + (+9)$$

$$= -1$$

▶ 개념 익히기 1

생략된 괄호를 되살려서 덧셈식으로 바꿔 쓰세요. (계산은 하지 않아도 됩니다.)

01

$$-3-7$$
$$=(-3)-(+7)$$
$$=(-3)+(-7)$$

02

$$-9-8$$
$$=(-9)-(+8)$$
$$=$$

03

$$-5-4$$
$$=(-5)-(+4)$$
$$=$$

▶ 정답 및 해설 56쪽

순서를 바꿀 때는, 바로 앞의 부호를 꼭 데려가기

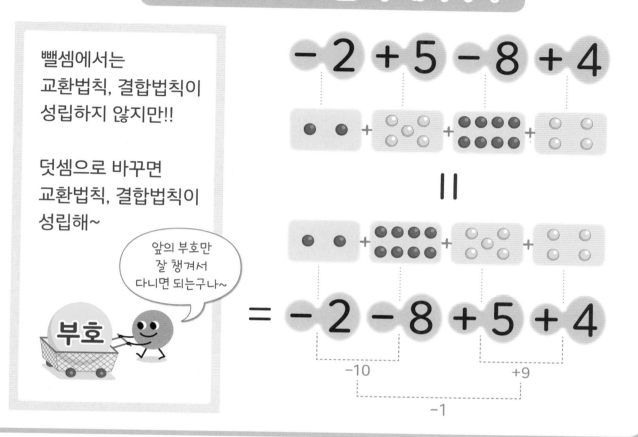

뺄셈에서는 교환법칙, 결합법칙이 성립하지 않지만!!

덧셈으로 바꾸면 교환법칙, 결합법칙이 성립해~

앞의 부호만 잘 챙겨서 다니면 되는구나~

부호

▶ 개념 익히기 2

같은 식이 되도록 ○ 안에 +, −를 알맞게 쓰세요.

01

$3-9+7-1$

$=3 \boxed{+} 7 \boxed{-} 9-1$

02

$-8+12-5+6$

$=-8 \bigcirc 5 \bigcirc 12+6$

03

$-4+5-20+33$

$=-4 \bigcirc 20 \bigcirc 5 \bigcirc 33$

▶ 개념 다지기 1

생략된 괄호를 되살려서 계산해 보세요.

01 $-7-5$

$$=(-7)-(\boxed{+}\;\boxed{5})$$

$$=(-7)+(\boxed{-}\;\boxed{5})$$

$$=\bigcirc(\boxed{}\bigcirc\boxed{})$$

$$=\bigcirc\boxed{}$$

02 $8-11$

$$=(+8)-(\bigcirc\boxed{})$$

$$=(+8)+(\bigcirc\boxed{})$$

$$=\bigcirc(\boxed{}\bigcirc\boxed{})$$

$$=\bigcirc\boxed{}$$

03 $-6-9$

$$=(-6)-(\bigcirc\boxed{})$$

$$=(-6)+(\bigcirc\boxed{})$$

$$=\bigcirc(\boxed{}\bigcirc\boxed{})$$

$$=\bigcirc\boxed{}$$

04 $14-8$

$$=(\bigcirc14)-(\bigcirc8)$$

$$=(\bigcirc14)+(\bigcirc\boxed{})$$

$$=\bigcirc(\boxed{}\bigcirc\boxed{})$$

$$=\bigcirc\boxed{}$$

05 $3-10$

06 $-19-7$

▶ 개념 다지기 2

0이 되는 것을 ╱로 지우고, 계산하세요.

01 $\cancel{\dfrac{1}{2}} - 11 + 5 + \cancel{0.5}$

$\qquad = \dfrac{5}{10} = \dfrac{1}{2}$

$= -11 + 5$

$= -6$

답: -6

02 $21 - 15 - 32 + 15$

03 $-6 + 12 + 20 + 6$

04 $-7 + 3 + 4 + 10$

05 $14 + 8 - 7 - 7$

06 $17 - 5 + 3 - 12$

▶ 정답 및 해설 57쪽

▶ 개념 마무리 1

계산해 보세요.

01 $10-15+5-2=-2$

$$\underset{\substack{0 \\ -2}}{\underset{-10}{}}$$

02 $-7+21-4+10$

03 $21-7-8+34$

04 $-19+2+8-41$

05 $2-0.25+1-0.75$

06 $4-\dfrac{1}{2}+\dfrac{5}{2}-2+3$

▶ 개념 마무리 2

빈칸에 알맞은 수를 구하세요.

01 $\dfrac{21}{5}+\boxed{}-3.2=2$

➡ $\boxed{}=1$

$\dfrac{21}{5}+\boxed{}-3.2=2$

$\dfrac{42}{10}+\boxed{}-3.2=2$

$4.2-3.2+\boxed{}=2$

$1+\boxed{}=2$

$\boxed{}=1$

02 $4.5-\boxed{}=-1.5$

➡ $\boxed{}=$

03 $\boxed{}+\dfrac{11}{6}=\dfrac{1}{6}$

➡ $\boxed{}=$

04 $\boxed{}-4-10=8$

➡ $\boxed{}=$

05 $1-\dfrac{1}{4}+\boxed{}=\dfrac{5}{4}$

➡ $\boxed{}=$

06 $2-13-\boxed{}+20=12$

➡ $\boxed{}=$

단원 마무리

01 다음 중 $(-2)-(-1)$과 계산 결과가 같은 식은?

① $(+2)-(+1)$
② $(-2)-(+1)$
③ $(-2)+(-1)$
④ $(+2)+(+1)$
⑤ $(-2)+(+1)$

02 흰 돌은 $+1$, 검은 돌은 -1을 나타냅니다. 뺄셈을 할 수 있도록 ☐ 안에 바둑돌을 알맞게 그려 넣으시오. (단, 바둑돌을 가장 적게 사용하는 방법이어야 합니다.)

$$(+1) \quad - \quad (-2)$$

03 다음을 계산하시오.

$$(-9)-(+14)$$

04 다음 그림으로 설명할 수 있는 뺄셈식은?
(흰 돌은 $+1$, 검은 돌은 -1을 나타냅니다.)

① $(+5)-(+3)=+3$
② $(+5)-(+3)=+8$
③ $(+5)-(-3)=+8$
④ $(+5)-(-3)=+3$
⑤ $(+8)-(-3)=+5$

05 다음 중 괄호를 생략하여 간단히 쓴 것으로 옳지 <u>않은</u> 것은?

① $(+10)+(-3)=10-3$
② $(-6)+(-3)=-6-3$
③ $(+5)-(+7)=5-7$
④ $(-12)-(-11)=-12-11$
⑤ $(-31)-(+7)=-31-7$

06 다음 식에서 빈칸에 들어갈 수 있는 수는?

$$-7 + \boxed{} > 0$$

① 4 ② 5

③ 6 ④ 7

⑤ 8

07 다음을 계산하여 기약분수로 나타내시오.

$$\left(-\frac{5}{12}\right)-\left(-\frac{1}{6}\right)$$

08 다음 중 계산한 값의 부호가 다른 하나는?

① $\left(+\frac{5}{6}\right)-\left(-\frac{1}{6}\right)$

② $\left(+\frac{1}{4}\right)+\left(+\frac{2}{3}\right)$

③ $\left(+\frac{3}{5}\right)-\left(+\frac{7}{10}\right)$

④ $(+2)+\left(+\frac{4}{5}\right)$

⑤ $(+8)-(-4)$

09 다음 계산 과정 중 처음으로 틀린 곳을 찾아 기호를 쓰시오.

$$-13 + 15 - 12 + 3 \quad \cdots\cdots ㉠$$
$$=-13 - 12 + 15 + 3 \quad ◀\cdots ㉡$$
$$=-1 + 15 + 3 \quad ◀\cdots ㉢$$
$$=-1 + 18 \quad ◀\cdots ㉣$$
$$=18 - 1 \quad ◀\cdots ㉤$$
$$=17 \quad ◀$$

10 다음 수 중에서 가장 큰 수를 a, 가장 작은 수를 b라고 할 때, $a-b$의 값을 구하시오.

$$+2.5 \quad -\frac{5}{2} \quad -0.5 \quad +1 \quad -1$$

11 다음 그림과 같이 화살표를 따라서 계산할 때, A+B의 값을 구하시오.

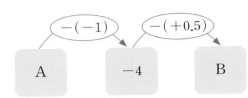

12 다음을 계산하시오.

$$\frac{2}{14}+0.6-\frac{8}{7}+2.4-2$$

13 $|a+2|=4$일 때, a의 값 중 가장 작은 것을 구하시오.

14 어떤 유리수에서 -8을 빼야할 것을 잘못하여 더했더니 그 결과가 $+4$가 되었습니다. 바르게 계산한 값을 구하시오.

15 두 수 a, b에 대하여 $|a|=8$, $|b|=3$일 때, $a-b$의 값이 될 수 <u>없는</u> 수는?

① 16   ② 5
③ -5 ④ 11
⑤ -11

16 정수 a에서 4를 빼면 양수가 되고, 8을 빼면 음수가 됩니다. a의 값으로 알맞은 수를 모두 쓰시오.

▶ 정답 및 해설 61~63쪽

17 다음 그림에서 ◯ 안에 있는 수가 양 옆의 ☐ 안에 있는 두 수의 합이 되도록 빈칸을 채우시오.

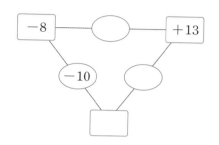

18 $a>0$, $b<0$일 때, 다음 중 항상 옳은 것은?

① $a-b<0$ ② $-a+b>0$

③ $b-a<0$ ④ $a+b<0$

⑤ $-a-b>0$

19 다음을 계산하시오.

$$-3+\left[\frac{5}{2}-\{1.5+(-4+1)\}\right]$$

20 다음을 계산하시오.

$$1-10+2-8+3-6+4-4+5-2$$

서술형 문제

21 $5-8+a=-3$, $b-6=-3+7$일 때, $a-b$의 값을 구하시오.

┌─ 풀이 ─────────────────────┐
│   │
│   │
│   │
│   │
│   │
│   │
│   │
│   │
└───────────────────────────┘

서술형 문제

22 수직선 위의 두 점 A와 B에 대응하는 수는 각각 $-\dfrac{3}{8}$, $+\dfrac{5}{8}$입니다. 물음에 답하시오.

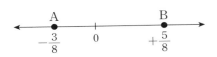

(1) 두 점 A와 B 사이의 거리를 구하시오.

(2) 두 점 A와 B에서 같은 거리만큼 떨어진 점에 대응하는 수를 구하시오.

서술형 문제

23 다음과 같은 식의 빈칸에 네 수 $+\dfrac{1}{4}$, -3, $+2.5$, $+4$ 중 세 수를 골라 넣어 계산했을 때, 결과가 가장 큰 값을 구하시오.

┌─ 풀이 ─────────────────────┐
│   │
│   │
│   │
│   │
│   │
│   │
│   │
│   │
│   │
│   │
└───────────────────────────┘

차와 빼기는 다른 거야~

차

차는 한자어로 서로 다른 수준이나 정도를 뜻해. 그래서 두 수의 차는 두 수가 떨어져 있는 정도로, 수직선에 수를 나타내면 두 수의 차를 쉽게 구할 수 있지!

두 수의 차는 두 수의 떨어진 정도로 항상 0 이상이야.

a와 b의 차

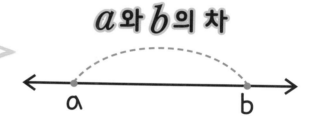

절댓값

절댓값도 항상 0 이상이었지~ 절댓값은 0으로부터 떨어진 거리로, 0과의 차를 뜻해.

따라서 차는 단순한 빼기가 아닌 (큰 수) − (작은 수)를 말해. 만약 크기가 같은 두 수의 차라면 0이 되겠지~

(차)＞0

크기가 같은 두 수의 차는 0

MEMO ✏️

중등수학 개념으로 한번에 내신 대비까지!

연산도 개념부터!

정수와 유리수

개념이 먼저다

정답 및 해설 1

교육 R&D에 앞서가는
Key 키출판사

정답 및 해설

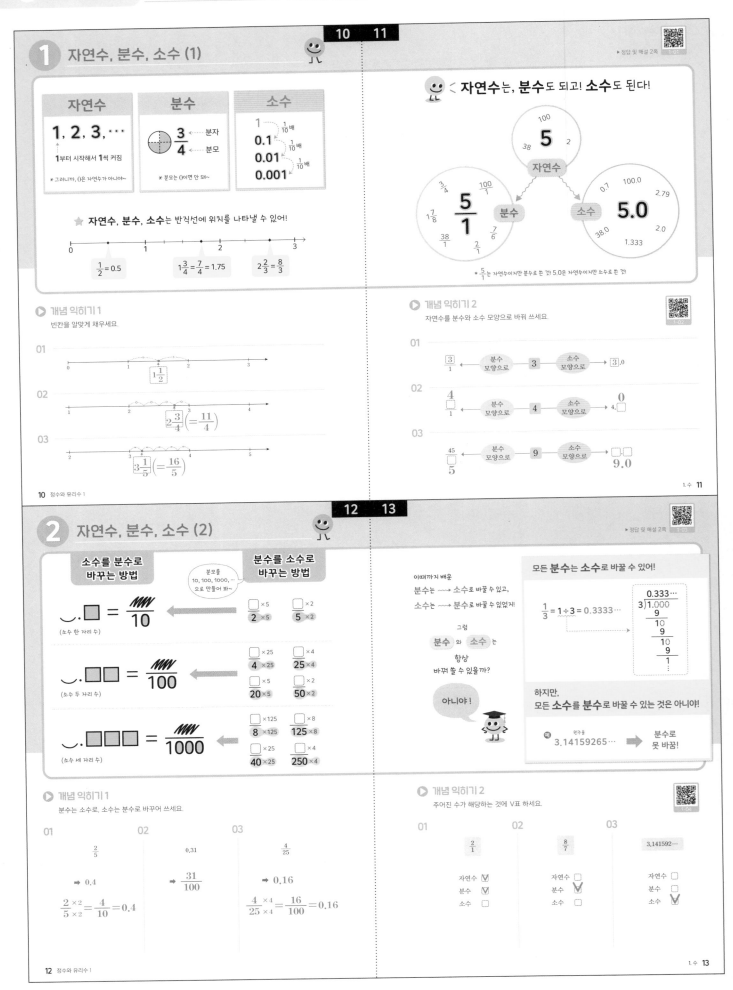

▶ 개념 다지기 1

설명에 알맞은 수를 쓰세요.

▶정답 및 해설 3쪽

01

9를 분모가 1인 분수로 ➡ $\dfrac{9}{1}$

02

$\dfrac{5}{8}$를 소수로 ➡ 0.625 $\dfrac{5 \times 125}{8 \times 125} = \dfrac{625}{1000} = 0.625$

03

4.8을 분모가 10인 분수로 ➡ $\dfrac{48}{10}$

04

0을 분모가 5인 분수로 ➡ $\dfrac{0}{5}$

05

$\dfrac{1}{9}$을 소수로 ➡ $0.111\cdots$ $\dfrac{1}{9} = 1 \div 9 = 0.111\cdots$

06

6을 소수로 ➡ 6.0

14 정수와 유리수 1

▶ 개념 다지기 2

주어진 수와 크기가 같은 수를 모두 찾아 ○표 하세요. (2개)

▶정답 및 해설 3쪽

01

1.5   ⊙$1\dfrac{1}{2}$ ⊙$\dfrac{3}{2}$ $\dfrac{2}{3}$ $\dfrac{2}{5}$

$= \dfrac{15}{10} = \dfrac{3}{2} = 1\dfrac{1}{2}$

02

4   ⊙$\dfrac{8}{2}$ $\dfrac{1}{4}$ ⊙4.0   0.8

03

$\dfrac{6}{3}$ 0.2   ⊙2.0 $\dfrac{1}{2}$ ⊙$\dfrac{10}{5}$

$= 2$

04

0   ⊙$\dfrac{0}{3}$ ⊙0.0 $\dfrac{1}{1}$ $\dfrac{1}{0}$

* 분수에서 분모는 0이 될 수 없어요.

05

0.25   ⊙$\dfrac{25}{100}$ 25   ⊙$\dfrac{1}{4}$ 0.025

06

$\dfrac{1}{5}$ 0.5   ⊙$\dfrac{2}{10}$ ⊙0.2 $\dfrac{5}{1}$

▶ 개념 마무리 1

주어진 수 중에서 설명에 알맞은 수를 모두 찾아 쓰세요.

▶정답 및 해설 3쪽

0.001	$\dfrac{5}{1}$	
		7.0
2	$\dfrac{54}{6}$	$3.141592\cdots$
1.111	0	
	10000	4.5
$9\dfrac{3}{8}$	$\dfrac{7}{4}$	$6\dfrac{1}{2}$

01

자연수를 분수로 나타낸 수 $\dfrac{5}{1}$, $\dfrac{54}{6}$

02

자연수를 소수로 나타낸 수 7.0

03

자연수 $\dfrac{5}{1}$,   2, $\dfrac{54}{6}$,   7.0,   10000   * 0은 자연수가 아닙니다.

04

소수로만 나타낼 수 있는 수 $3.141592\cdots$

05

자연수도 분수도 소수도 아닌 수 0

16 정수와 유리수 1

▶ 개념 마무리 2

그림을 보고 물음에 답하세요.

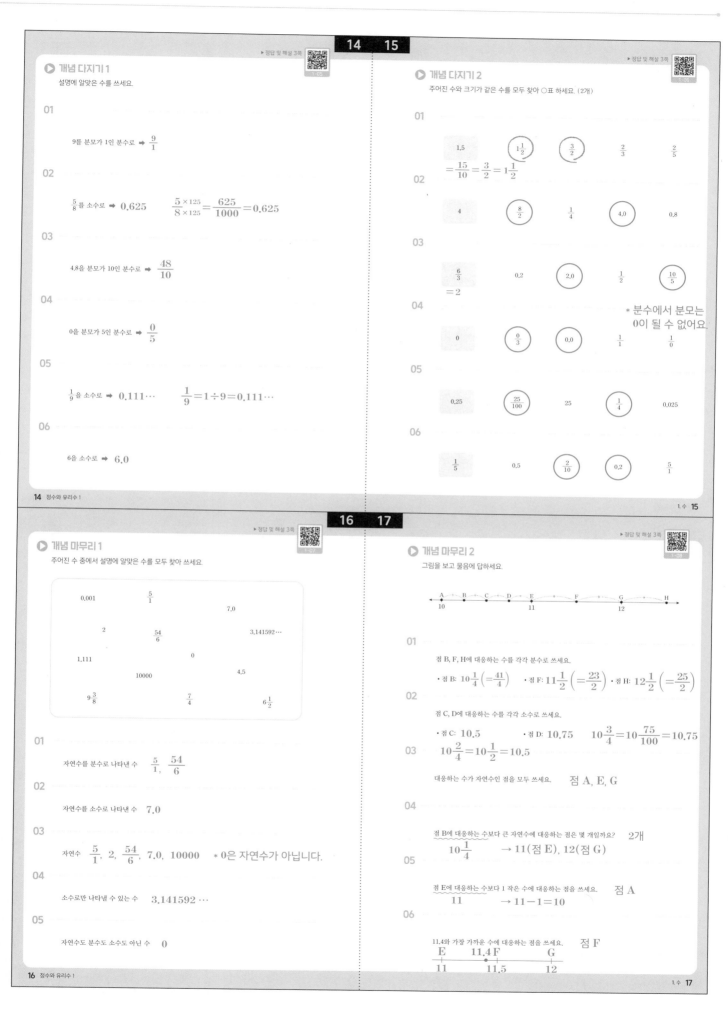

01

점 B, F, H에 대응하는 수를 각각 분수로 쓰세요.

• 점 B: $10\dfrac{1}{4}\left(=\dfrac{41}{4}\right)$ • 점 F: $11\dfrac{1}{2}\left(=\dfrac{23}{2}\right)$ • 점 H: $12\dfrac{1}{2}\left(=\dfrac{25}{2}\right)$

02

점 C, D에 대응하는 수를 각각 소수로 쓰세요.

• 점 C: 10.5 • 점 D: 10.75 $10\dfrac{3}{4} = 10\dfrac{75}{100} = 10.75$

$10\dfrac{2}{4} = 10\dfrac{1}{2} = 10.5$

03

대응하는 수가 자연수인 점을 모두 쓰세요.   점 A, E, G

04

점 B에 대응하는 수보다 큰 자연수에 대응하는 점은 몇 개일까요?   2개

$10\dfrac{1}{4}$ →   11(점 E), 12(점 G)

05

점 E에 대응하는 수보다 1 작은 수에 대응하는 점을 쓰세요.   점 A

11 → $11 - 1 = 10$

06

11.4와 가장 가까운 수에 대응하는 점을 쓰세요.   점 F

E   11.4 F   G
11   11.5   12

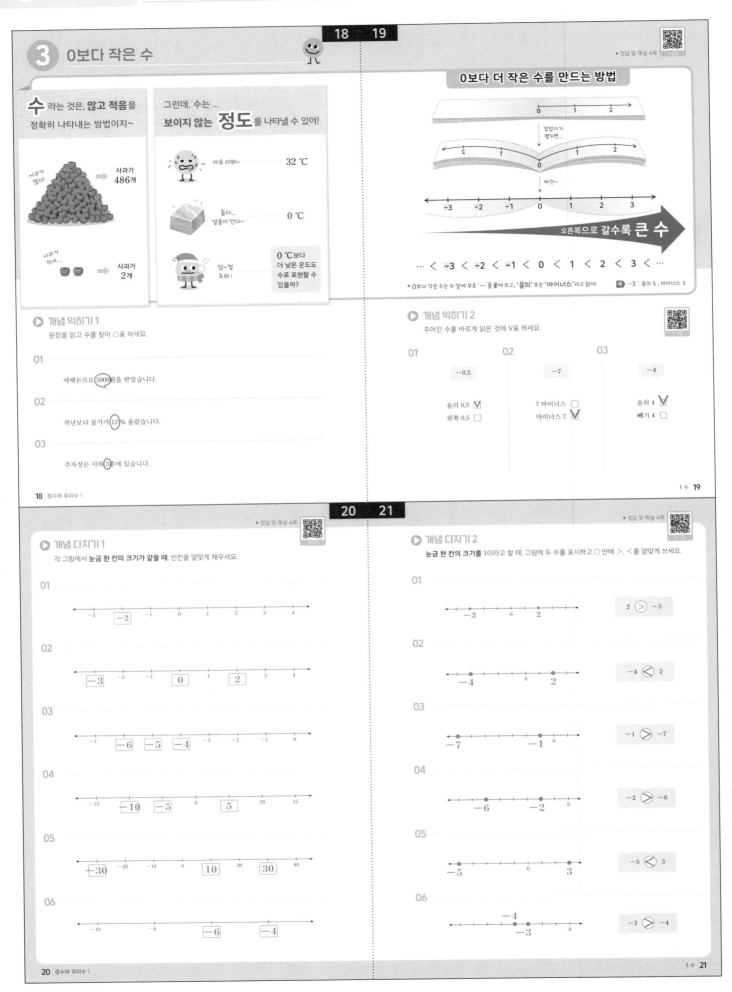

3 0보다 작은 수

수 라는 것은, **많고 적음**을 정확히 나타내는 방법이지~

그런데, 수는... 보이지 않는 **정도**를 나타낼 수 있어!

사과가 많다 → 사과가 486개

사과가 적네... → 사과가 2개

아유 더워~   32 ℃

춥다... 얼음이 언다~   0 ℃

엄~청 추워!

0 ℃보다 더 낮은 온도도 수로 표현할 수 있을까?

0보다 더 작은 수를 만드는 방법

접었다가 펼치면...

짜잔~

오른쪽으로 갈수록 **큰 수**

... < -3 < -2 < -1 < 0 < 1 < 2 < 3 < ...

* 0보다 작은 수는 수 앞에 부호 '−'를 붙여 쓰고, '음의' 또는 '마이너스'라고 읽어! 예) -3 : 음의 3 , 마이너스 3

▶ 개념 익히기 1

문장을 읽고 수를 찾아 ○표 하세요.

01 세뱃돈으로 (5000)원을 받았습니다.

02 작년보다 물가가 (12)% 올랐습니다.

03 주차장은 지하 (3)층에 있습니다.

▶ 개념 익히기 2

주어진 수를 바르게 읽은 것에 V표 하세요.

01 −0.5
음의 0.5 ☑
왼쪽 0.5 ☐

02 −7
7 마이너스 ☐
마이너스 7 ☑

03 −4
음의 4 ☑
빼기 4 ☐

▶ 개념 다지기 1

각 그림에서 눈금 한 칸의 크기가 같을 때, 빈칸을 알맞게 채우세요.

01 -2

02 -3   0   2

03 -6 -5 -4

04 -10 -5   5

05 -30   10   30

06 -6   -4

▶ 개념 다지기 2

눈금 한 칸의 크기를 1이라고 할 때, 그림에 두 수를 표시하고 ○ 안에 >, <를 알맞게 쓰세요.

01 -3 0 2   2 > -3

02 -4 0 2   -4 < 2

03 -7 -1 0   -1 > -7

04 -6 -2 0   -2 > -6

05 -5 0 3   -5 < 3

06 -4 -3   -3 > -4

개념 마무리 1

▶ 정답 및 해설 5쪽

부등호를 사용하여 주어진 수의 크기를 비교하세요.

01

	8	
−1		0

$$-1 < 0 < 8$$

02

	3	−10
	5	

$$-10 < 3 < 5$$

03

	−7	
−6		−11

$$-11 < -7 < -6$$

04

−20		0
	−2	1

$$-20 < -2 < 0 < 1$$

05

−100		4
−3		36

$$-100 < -3 < 4 < 36$$

06

9	−8	2
	7	−6

$$-8 < -6 < 2 < 7 < 9$$

개념 마무리 2

▶ 정답 및 해설 5쪽

알맞은 수를 찾아 ○표 하세요.

01 가장 큰 수

$$-100 < -18 < -3 < -2 < \underset{\text{가장 큰}}{3}$$

| −100 | −3 | −2 | ③ | −18 |

02 가장 작은 수

$$\underset{\text{가장 작음}}{-35} < -16 < -4 < 0 < 134$$

| −16 | −4 | 0 | ⃝−35 | 134 |

03 세 번째로 큰 수

$$-50 < -10 < \underset{\text{세 번째로 큼}}{-2} < 1 < \underset{\text{가장 큼}}{3}$$

| −50 | ⃝−2 | 1 | 3 | −10 |

04 두 번째로 작은 수

$$\underset{\text{가장 작음}}{-43} < \underset{\text{두 번째로 작음}}{-19} < 0 < 3 < 6$$

| 0 | −43 | 6 | 3 | ⃝−19 |

05 네 번째로 큰 수

$$-200 < \underset{\text{네 번째로 큼}}{-1} < 0 < 1 < \underset{\text{가장 큼}}{9}$$

| ⃝−1 | −200 | 9 | 1 | 0 |

06 세 번째로 작은 수

$$\underset{\text{가장 작음}}{-63} < -8 < \underset{\text{세 번째로 작음}}{-4} < -3 < 1$$

| 1 | ⃝−4 | −63 | −3 | −8 |

4 수직선

★ 수직선(number line) : 수를 대응시킨 직선

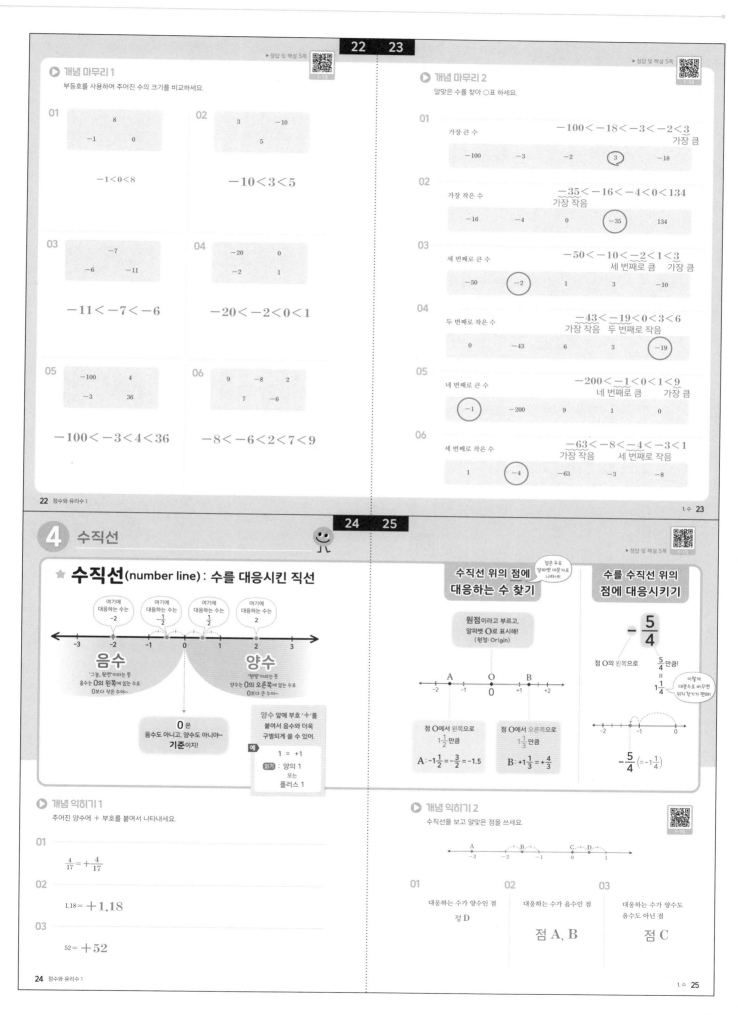

여기에 대응하는 수는 −2
여기에 대응하는 수는 −$\frac{1}{2}$
여기에 대응하는 수는 $\frac{1}{2}$
여기에 대응하는 수는 2

음수
'그늘, 뒷면'이라는 뜻
음수는 0의 왼쪽에 있는 수로
0보다 작은 수야~

양수
'햇빛'이라는 뜻
양수는 0의 오른쪽에 있는 수로
0보다 큰 수야~

0은
음수도 아니고, 양수도 아니야~
기준이지!

양수 앞에 부호 '+'를
붙여서 음수와 더욱
구별되게 쓸 수 있어.

예
$$1 = +1$$
읽기 : 양의 1
또는
플러스 1

수직선 위의 점에 대응하는 수 찾기

점은 주로 알파벳 대문자로 나타내!

원점이라고 부르고,
알파벳 O로 표시해!
(원점: Origin)

점 O에서 왼쪽으로
$1\frac{1}{2}$만큼

$$A : -1\frac{1}{2} = -\frac{3}{2} = -1.5$$

점 O에서 오른쪽으로
$1\frac{1}{3}$만큼

$$B : +1\frac{1}{3} = +\frac{4}{3}$$

수를 수직선 위의 점에 대응시키기

$$-\frac{5}{4}$$

점 O의 왼쪽으로
$\frac{5}{4}$만큼!
$$= 1\frac{1}{4}$$

이렇게 대분수로 바꾸면 위치 찾기가 편해!

$$-\frac{5}{4}\left(= -1\frac{1}{4}\right)$$

개념 익히기 1

주어진 양수에 + 부호를 붙여서 나타내세요.

01
$$\frac{4}{17} = +\frac{4}{17}$$

02
$$1.18 = +1.18$$

03
$$52 = +52$$

개념 익히기 2

▶ 정답 및 해설 5쪽

수직선을 보고 알맞은 점을 쓰세요.

01 대응하는 수가 양수인 점

점 D

02 대응하는 수가 음수인 점

점 A, B

03 대응하는 수가 양수도 음수도 아닌 점

점 C

정답 및 해설 **5**

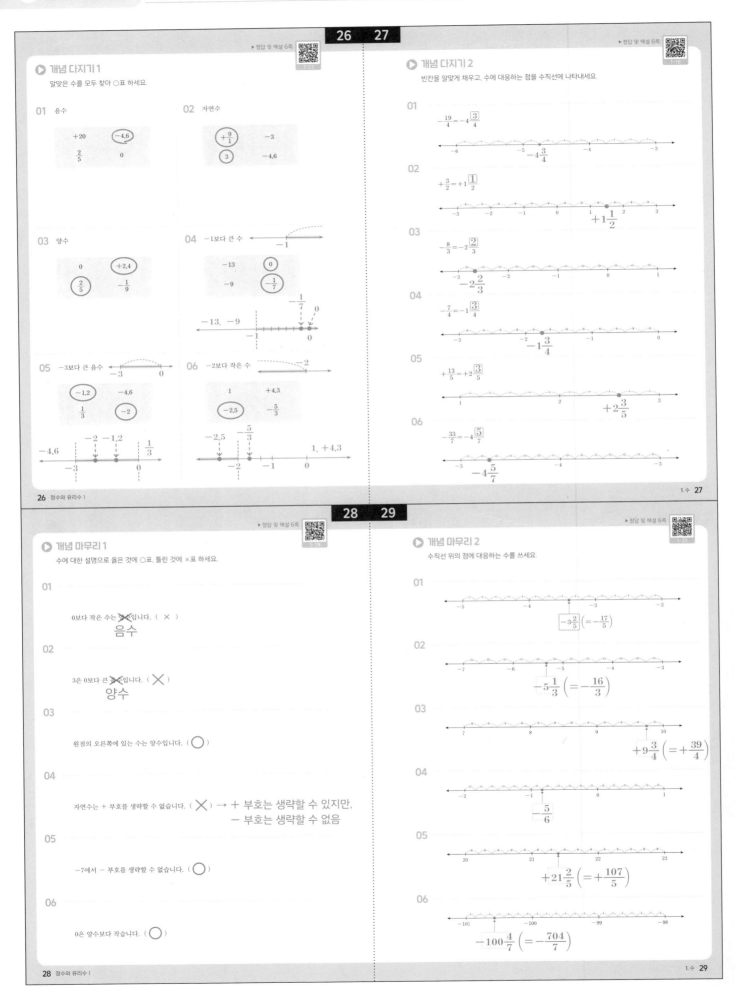

⑤ 절댓값

▶ 정답 및 해설 7쪽

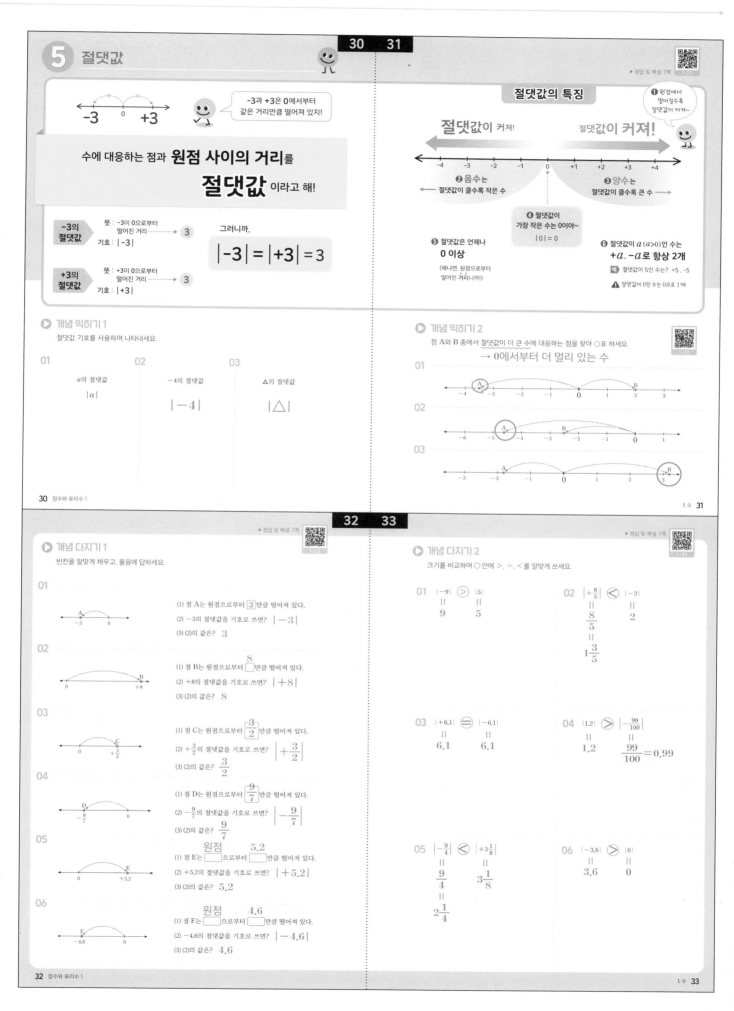

-3과 +3은 0에서부터 같은 거리만큼 떨어져 있지!

수에 대응하는 점과 **원점 사이의 거리**를 **절댓값** 이라고 해!

-3의 절댓값
뜻 : -3이 0으로부터 떨어진 거리 ······ 3
기호 : |-3|

+3의 절댓값
뜻 : +3이 0으로부터 떨어진 거리 ······ 3
기호 : |+3|

그러니까,
$$|-3| = |+3| = 3$$

절댓값의 특징

① 원점에서 멀어질수록 절댓값이 커져~

절댓값이 커져! ← → **절댓값이 커져!**

② 음수는
← 절댓값이 클수록 작은 수

③ 양수는
절댓값이 클수록 큰 수 →

④ 절댓값이 가장 작은 수는 0이야~
$$|0| = 0$$

⑤ 절댓값은 언제나 **0 이상**
(왜냐면, 원점으로부터 떨어진 거리니까!)

⑥ 절댓값이 $a\,(a>0)$인 수는 $+a, -a$로 항상 2개
예 절댓값이 5인 수는? +5, -5
⚠ 절댓값이 0인 수는 0으로 1개

▶ 개념 익히기 1

절댓값 기호를 사용하여 나타내세요.

01
a의 절댓값
$$|a|$$

02
-4의 절댓값
$$|-4|$$

03
△의 절댓값
$$|\triangle|$$

▶ 개념 익히기 2

점 A와 B 중에서 절댓값이 더 큰 수에 대응하는 점을 찾아 ○표 하세요.
→ **0에서부터 더 멀리 있는 수**

01

02

03

▶ 정답 및 해설 7쪽

▶ 개념 다지기 1

빈칸을 알맞게 채우고, 물음에 답하세요.

01
(1) 점 A는 원점으로부터 ③ 만큼 떨어져 있다.
(2) -3의 절댓값을 기호로 쓰면? $|-3|$
(3) (2)의 값은? 3

02
(1) 점 B는 원점으로부터 ⑧ 만큼 떨어져 있다.
(2) +8의 절댓값을 기호로 쓰면? $|+8|$
(3) (2)의 값은? 8

03
(1) 점 C는 원점으로부터 $\dfrac{3}{2}$ 만큼 떨어져 있다.
(2) $+\dfrac{3}{2}$의 절댓값을 기호로 쓰면? $\left|+\dfrac{3}{2}\right|$
(3) (2)의 값은? $\dfrac{3}{2}$

04
(1) 점 D는 원점으로부터 $\dfrac{9}{7}$ 만큼 떨어져 있다.
(2) $-\dfrac{9}{7}$의 절댓값을 기호로 쓰면? $\left|-\dfrac{9}{7}\right|$
(3) (2)의 값은? $\dfrac{9}{7}$

05
(1) 점 E는 원점으로부터 5.2 만큼 떨어져 있다.
(2) +5.2의 절댓값을 기호로 쓰면? $|+5.2|$
(3) (2)의 값은? 5.2

06
(1) 점 F는 원점으로부터 4.6 만큼 떨어져 있다.
(2) -4.6의 절댓값을 기호로 쓰면? $|-4.6|$
(3) (2)의 값은? 4.6

▶ 개념 다지기 2

크기를 비교하여 ○ 안에 >, =, <를 알맞게 쓰세요.

01 $|-9|$ ⃝> $|5|$
‖   ‖
9   5

02 $\left|+\dfrac{8}{5}\right|$ ⃝< $|-2|$
‖   ‖
$\dfrac{8}{5}$ 2
‖
$1\dfrac{3}{5}$

03 $|+6.1|$ ⃝= $|-6.1|$
‖   ‖
6.1   6.1

04 $|1.2|$ ⃝> $\left|-\dfrac{99}{100}\right|$
‖   ‖
1.2 $\dfrac{99}{100}=0.99$

05 $\left|-\dfrac{9}{4}\right|$ ⃝< $\left|+3\dfrac{1}{8}\right|$
‖   ‖
$\dfrac{9}{4}$ $3\dfrac{1}{8}$
‖
$2\dfrac{1}{4}$

06 $|-3.6|$ ⃝> $|0|$
‖   ‖
3.6   0

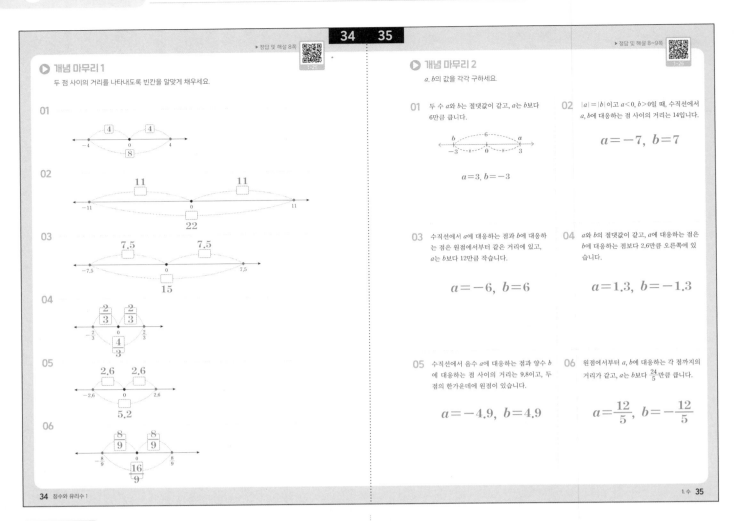

35쪽 풀이

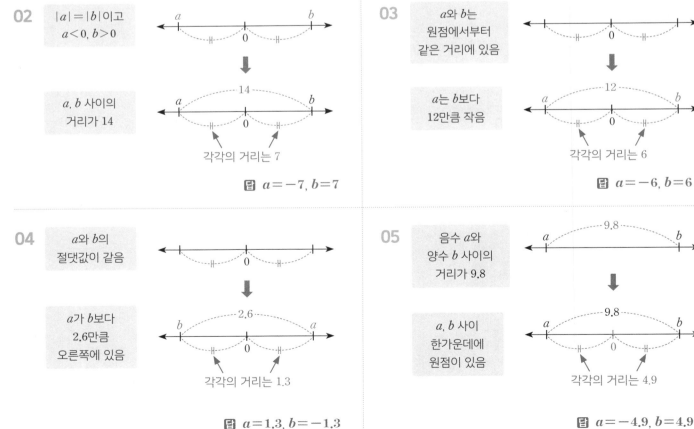

06 원점에서부터
a, b까지의
거리가 같음

a는 b보다
$\dfrac{24}{5}$만큼 큼

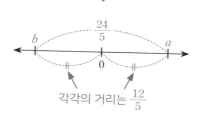

각각의 거리는 $\dfrac{12}{5}$

답 $a = \dfrac{12}{5}$, $b = -\dfrac{12}{5}$

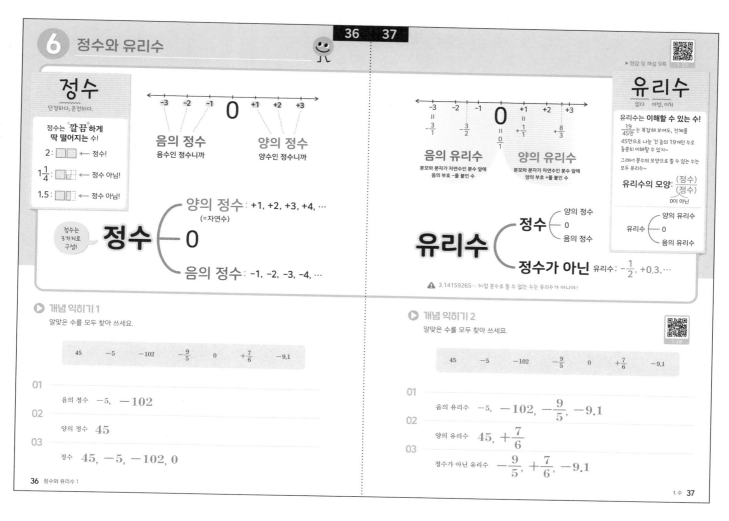

6 정수와 유리수

36 37

▶ 정답 및 해설 9쪽

정수
단정하다, 온전하다.

정수는 **깔끔** 하게
딱 떨어지는 수!

2 : ☐☐ ← 정수!

$1\dfrac{1}{4}$: ☐☐ ← 정수 아님!

1.5 : ☐☐ ← 정수 아님!

정수는
3가지로
구성!

음의 정수
음수인 정수니까

양의 정수
양수인 정수니까

정수 ⎰ 양의 정수 : +1, +2, +3, +4, ···
         (=자연수)
         0
         음의 정수 : -1, -2, -3, -4, ···

유리수
있다 이성, 어녀

유리수는 이해할 수 있는 수!
$\dfrac{19}{45만}$ 는 복잡해 보여도, 전체를
45만으로 나눈 것 중의 19개인 수로
충분히 이해할 수 있지~

그래서 분수의 모양으로 쓸 수 있는 수는
모두 유리수~

유리수의 모양: $\dfrac{(정수)}{(정수)}$
0이 아닌

유리수 ⎰ 양의 유리수
         0
         음의 유리수

음의 유리수
분모와 분자가 자연수인 분수 앞에
음의 부호 -를 붙인 수

양의 유리수
분모와 분자가 자연수인 분수 앞에
양의 부호 +를 붙인 수

유리수 ⎰ 정수 ⎰ 양의 정수
               0
               음의 정수
         정수가 아닌 유리수: $-\dfrac{1}{2}$, +0.3, ···

⚠ 3.14159265··· 처럼 분수로 쓸 수 없는 수는 유리수가 아니야!

▶ 개념 익히기 1

알맞은 수를 모두 찾아 쓰세요.

| 45 | -5 | -102 | $-\dfrac{9}{5}$ | 0 | $+\dfrac{7}{6}$ | -9.1 |

01 음의 정수 -5, -102

02 양의 정수 45

03 정수 45, -5, -102, 0

▶ 개념 익히기 2

알맞은 수를 모두 찾아 쓰세요.

| 45 | -5 | -102 | $-\dfrac{9}{5}$ | 0 | $+\dfrac{7}{6}$ | -9.1 |

01 음의 유리수 -5, -102, $-\dfrac{9}{5}$, -9.1

02 양의 유리수 45, $+\dfrac{7}{6}$

03 정수가 아닌 유리수 $-\dfrac{9}{5}$, $+\dfrac{7}{6}$, -9.1

38 39

▶정답 및 해설 10쪽

▶ 개념 다지기 1

수가 해당하는 곳에 ○표, 해당하지 않는 곳에 ×표 하세요.

	자연수	정수	음의 정수	양의 정수	유리수
01 $\frac{24}{6}$ $=4$	○	○	×	○	○
02 3.14	×	×	×	×	○
03 -999	×	○	○	×	○
04 $\frac{24}{2}$ $=-12$	×	○	○	×	○
05 $\frac{0}{3}$ $=0$	×	○	×	×	○
06 3.14159265⋯	×	×	×	×	×

▶정답 및 해설 10쪽

▶ 개념 다지기 2

수직선을 보고 알맞은 점을 모두 쓰세요.

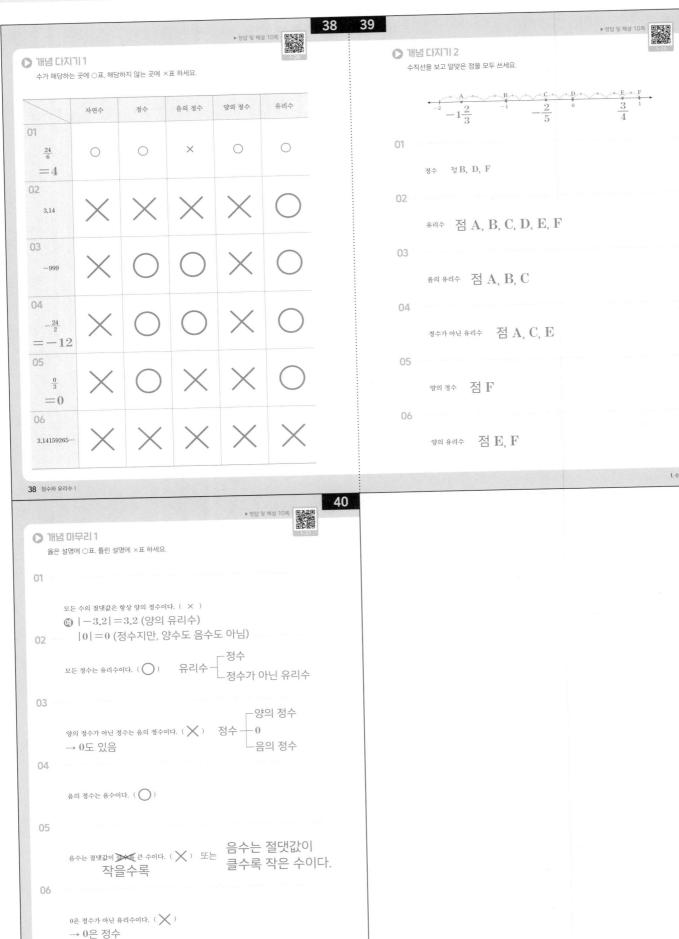

$$-1\frac{2}{3} \qquad -1 \qquad -\frac{2}{5} \qquad 0 \qquad \frac{3}{4} \qquad 1$$

01 정수 점 B, D, F

02 유리수 점 A, B, C, D, E, F

03 음의 유리수 점 A, B, C

04 정수가 아닌 유리수 점 A, C, E

05 양의 정수 점 F

06 양의 유리수 점 E, F

40

▶정답 및 해설 10쪽

▶ 개념 마무리 1

옳은 설명에 ○표, 틀린 설명에 ×표 하세요.

01 모든 수의 절댓값은 항상 양의 정수이다. (×)
예 $|-3.2|=3.2$ (양의 유리수)
$|0|=0$ (정수지만, 양수도 음수도 아님)

02 모든 정수는 유리수이다. (○) 유리수 ┌ 정수
└ 정수가 아닌 유리수

03 양의 정수가 아닌 정수는 음의 정수이다. (×) 정수 ┌ 양의 정수
├ 0
└ 음의 정수
→ 0도 있음

04 음의 정수는 음수이다. (○)

05 음수는 절댓값이 ~~클수록~~ 큰 수이다. (×) 또는 음수는 절댓값이
작을수록 클수록 작은 수이다.

06 0은 정수가 아닌 유리수이다. (×)
→ 0은 정수

01

	0.5	+3	$-\dfrac{9}{2}$	-10	?
음수	×	×	○	○	○
정수	×	○	×	○	×

음수가 3개여야 하니까
? 도 음수

정수가 2개여야 하니까
? 는 정수가 아님

➡ ? 는 **음수**이면서, **정수가 아닌** 수

◀ 보기 ▶

-24 9 0

$\boxed{-\dfrac{7}{6}}$ $+1.8$ $3.1415\cdots$

➡ 보기에서 알맞은 수는 $-\dfrac{7}{6}$

답 $-\dfrac{7}{6}$

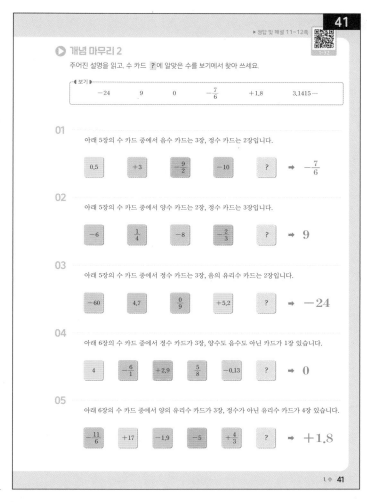

▶ 정답 및 해설 11~12쪽

41

개념 마무리 2

주어진 설명을 읽고, 수 카드 ? 에 알맞은 수를 보기에서 찾아 쓰세요.

◀ 보기 ▶ -24 9 0 $-\dfrac{7}{6}$ $+1.8$ $3.1415\cdots$

01 아래 5장의 수 카드 중에서 음수 카드는 3장, 정수 카드는 2장입니다.

0.5   +3 $-\dfrac{9}{2}$ -10   ?   ➡ $-\dfrac{7}{6}$

02 아래 5장의 수 카드 중에서 양수 카드는 2장, 정수 카드는 3장입니다.

-6 $\dfrac{1}{4}$ -8 $-\dfrac{2}{3}$?   ➡ 9

03 아래 5장의 수 카드 중에서 정수 카드는 3장, 음의 유리수 카드는 2장입니다.

-60   4.7 $\dfrac{0}{9}$ +5.2   ?   ➡ -24

04 아래 6장의 수 카드 중에서 정수 카드가 3장, 양수도 음수도 아닌 카드가 1장 있습니다.

4   $-\dfrac{6}{1}$ +2.9 $\dfrac{5}{8}$ -0.13   ?   ➡ 0

05 아래 6장의 수 카드 중에서 양의 유리수 카드가 3장, 정수가 아닌 유리수 카드가 4장 있습니다.

$-\dfrac{11}{6}$ +17   -1.9   -5 $+\dfrac{4}{3}$?   ➡ $+1.8$

1. 수 **41**

02

	-6	$\dfrac{1}{4}$	-8	$-\dfrac{2}{3}$	?
양수	×	○	×	×	○
정수	○	×	○	×	○

양수가 2개여야 하니까
? 도 양수

정수가 3개여야 하니까
? 도 정수

➡ ? 는 **양수**이면서, **정수인** 수
즉, **양의 정수**

◀ 보기 ▶

-24 $\boxed{9}$ 0

$-\dfrac{7}{6}$ $+1.8$ $3.1415\cdots$

➡ 보기에서 알맞은 수는 9

답 9

03

$\overset{0}{=}$

	-60	4.7	$\dfrac{0}{9}$	+5.2	?
정수	○	×	○	×	○
음의 유리수	○	×	×	×	○

정수가 3개여야
하니까 ? 도 정수

음의 유리수가
2개여야 하니까
? 도 음의 유리수

➡ ? 는 **정수**이면서, **음의 유리수**인 수
즉, **음의 정수**

◀ 보기 ▶

$\boxed{-24}$ 9 0

$-\dfrac{7}{6}$ $+1.8$ $3.1415\cdots$

➡ 보기에서 알맞은 수는 -24

답 -24

41쪽 풀이

04

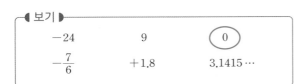

$\dfrac{-6}{=}$	4	$-\dfrac{6}{1}$	$+2.9$	$\dfrac{5}{8}$	-0.13	?
정수	○	○	×	×	×	○
양수 또는 음수	양수	음수	양수	양수	음수	어느 것도 아님

정수가 3개여야 하니까 ? 도 정수

양수도 음수도 아닌 것이 1개 있어야 하니까 ? 는 양수도 음수도 아님

→ ? 는 **정수**이면서, **양수도 음수도 아닌** 수

┤ 보기 ├
| -24 | 9 | $⓪$ |
| $-\dfrac{7}{6}$ | $+1.8$ | $3.1415\cdots$ |

→ 보기에서 알맞은 수는 0

🔲 0

05

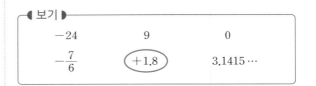

	$-\dfrac{11}{6}$	$+17$	-1.9	-5	$+\dfrac{4}{3}$	?
양의 유리수	×	○	×	×	○	○
정수가 아닌 유리수	○	×	○	×	○	○

양의 유리수가 3개여야 하니까 ? 도 양의 유리수

정수가 아닌 유리수가 4개여야 하니까 ? 도 정수가 아닌 유리수

→ ? 는 **양의 유리수**이면서, **정수가 아닌 유리수**

┤ 보기 ├
| -24 | 9 | 0 |
| $-\dfrac{7}{6}$ | $⊕1.8$ | $3.1415\cdots$ |

→ 보기에서 알맞은 수는 $+1.8$

🔲 $+1.8$

7 양수와 음수의 의미

▶정답 및 해설 13쪽

영상 14 ℃ ----▶ +14 ℃

— 0 ℃

영하 14 ℃ ----▶ −14 ℃

자, 이제는 0 ℃보다 더 추운 정도도 수로 나타낼 수 있겠지~

음수와 0 양수는

0을 기준으로 반대 방향에 있는 수야!

그래서 서로 반대되는 성질의 두 수량을 양의 부호 +, 음의 부호 −를 붙여서 나타내면 편리해.

예 − ◀━━━━▶ +

영하	◀━━━━▶	영상
실점	◀━━━━▶	득점
손해	◀━━━━▶	이익
해저	◀━━━━▶	해발
감소	◀━━━━▶	증가
과거	◀━━━━▶	미래

생활 속에서 부호 +, −를 사용한 예

-4 -3 -2 -1 0 +1 +2 +3 +4

- 몸무게가 5.2 kg 감소 ➡ −5.2 kg
- 건물의 지하 3층 ➡ −3층
- 수행평가에서 3점 감점 ➡ −3점
- 태평양 마리아나 해구는 해저 10984 m ➡ −10984 m

- 몸무게가 3 kg 증가 ➡ +3 kg
- 건물의 지상 3층 ➡ +3층
- 수행평가에서 3점 가산점 ➡ +3점
- 에베레스트산은 해발 8848.86 m ➡ +8848.86 m

▶ 개념 익히기 1

서로 의미가 반대인 것끼리 선으로 이으세요.

01 북쪽 ——— 지하

02 지상 ——— 남쪽

03 이익 ——— 손해

▶ 개념 익히기 2

빈칸에 알맞은 수를 쓰세요.

01
5점 득점을 +5로 나타내면 3점 실점은 −3 이다.

02
2시간 후를 +2로 나타내면 7시간 전은 −7 이다.

03
지상 8층을 +8로 나타내면 지하 4층은 −4 이다.

▶정답 및 해설 13쪽

▶ 개념 다지기 1

밑줄 친 부분을 + 또는 − 부호를 사용하여 나타내세요.

01
인해네 가게는 어제 20만 원 이익을 보았고, 오늘은 10만 원 손해를 보았다.
➡ +20   ➡ −10

02
지리산의 높이는 해발 1915 m이고, 보령 해저 터널의 가장 깊은 곳은 해저 80 m이다.
➡ +1915   ➡ −80

03
우리집에서 동쪽으로 1 km만큼 떨어진 곳에는 학교가, 서쪽으로 2 km만큼 떨어진 곳에는
➡ +1   ➡ −2
도서관이 있다.

04
마트에서 라면 가격은 3 % 인상했고, 계란 가격은 1 % 인하했다.
➡ +3   ➡ −1

05
지난주 체중은 1.5 kg 증가했고, 이번 주 체중은 0.8 kg 감소했다.
➡ +1.5   ➡ −0.8

06
어느 날 최저 기온은 영하 6 ℃, 최고 기온은 영상 10 ℃이다.
➡ −6   ➡ +10

▶ 개념 다지기 2

주어진 수와 어울리는 상황에 모두 V표 하세요.

01 −200
- 200원 손해 ☑ −200
- 해저 200 m ☑ −200
- 200일 후 ☐ +200

02 +1
- 1시간 후 ☑ +1
- 1개 감소 ☐ −1
- 영상 1 ℃ ☑ +1

03 +25
- 25원 입금 ☑ +25
- 지상 25층 ☑ +25
- 25명 감소 ☐ −25

04 +300
- 해발 300 m ☑ +300
- 300원 지출 ☐ −300
- 300명 증가 ☑ +300

05 −11
- 11년 전 ☑ −11
- 11분 후 ☐ +11
- 11점 감점 ☑ −11

06 −1.5
- 지하 1.5 m ☑ −1.5
- 1.5 ℃ 상승 ☐ +1.5
- 1.5 kg 감소 ☑ −1.5

정답 및 해설 **13**

▶ 개념 마무리 1

+, − 부호를 사용하여 나타낼 때 양수인 것만 따라가서 도착하는 곳을 쓰세요.

➡ 나

출발

$+1.5$ 1.5 kg 증가

-18.3 해저 18.3 m $+0.7$ 해발 0.7 m

-3 개막식 3일 전 $+3$ 개막식 3일 후

-1.5 1.5 kg 감소

-9 9점 실점 $+3$ 3점 득점

-15 15년 전 $+10$ 10년 후

-3 3점 감점 -30 30원 손해

$+3$ 3점 가산점

-17.9 영하 17.9 ℃

$+21.8$ 영상 21.8 ℃

$+1400$ 1400원 이익 $+4$ 지상 4층

-3000 3000원 지출

$+3000$ 3000원 수입

-1 지하 1층

$-\dfrac{3}{5}$

$+10$

$+10$ 10 % 인상

$+10$ 10 cm 증가

남쪽으로 $\dfrac{3}{5}$ km

북쪽으로 $1\dfrac{1}{4}$ km

-1.78 1.78 % 하락 $+0.35$ 0.35 % 상승

-10 10 % 인하

-1.5 1.5 cm 감소

$+1\dfrac{1}{4}$

가   나   다   라

01 (1) 끓는점이 음수인 물질

	물	산소	갈륨	수소	브롬	세슘
녹는점(℃)	0	−218.4	29.78	−259.114	−7.2	28.5
끓는점(℃)	100	(−182.96)	2403	(−252.9)	58.8	670

📋 산소, 수소

---

(2) 23 ℃에서 고체 상태인 물질

→ 녹는점보다 낮은 온도에서 고체 상태이므로,
23 ℃에서 고체 상태려면 녹는점이 23 ℃보다 높아야 함

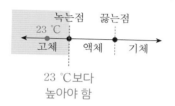

23 ℃보다
높아야 함

	물	산소	갈륨	수소	브롬	세슘
녹는점(℃)	0	−218.4	(29.78)	−259.114	−7.2	(28.5)
끓는점(℃)	100	−182.96	2403	−252.9	58.8	670

📋 갈륨, 세슘

---

(3) 브롬의 녹는점은 −7.2 ℃, 끓는점은 58.8 ℃

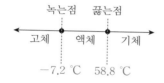

시각	오전 6시	오전 9시	오후 12시	오후 3시	오후 6시
기온(℃)	−8.8	−3.9	−2	−3	−7.6
브롬의 상태	고체	액체	액체	액체	고체

개념 마무리 2

표를 보고, 물음에 답하세요.

01

	물	산소	갈륨	수소	브롬	세슘
녹는점(℃)	0	−218,4	29.78	−259.114	−7.2	28.5
끓는점(℃)	100	−182,96	2403	−252,9	58.8	670

(출처: 대한화학회, 사이언스올)

(1) 끓는점이 음수인 물질을 모두 찾아 쓰세요.

산소, 수소

(2) 현재 기온이 23 ℃일 때, 고체 상태인 물질을 모두 찾아 쓰세요.

갈륨, 세슘

(3) 어느 날 시각에 따른 기온이 다음과 같을 때, 시각별 브롬의 상태를 쓰세요.

시각	오전 6시	오전 9시	오후 12시	오후 3시	오후 6시
기온(℃)	−8.8	−3.9	−2	−3	−7.6
브롬의 상태	고체	액체	액체	액체	고체

02

	−470	+1392	−57	+476	−221
연도(년)	기원전 470	1392	기원전 57	476	기원전 221
사건	소크라테스 탄생	조선 건국	신라 건국	서로마 제국 멸망	진나라 중국 통일

(1) 표의 사건들 중 가장 먼저 일어난 것을 쓰세요.

소크라테스 탄생

(2) 위의 표를 수직선에 나타내려고 합니다. 빈칸을 알맞게 채우세요.

1. 수 **47**

48쪽 풀이

01
① 12

② $\dfrac{12}{10}=1.2$

③ $\dfrac{5}{6}=5\div6=0.833\cdots$

④ $\dfrac{4}{5}=\dfrac{8}{10}=0.8$

⑤ $\dfrac{3}{2}=\dfrac{15}{10}=1.5$

답 ②

02 $\dfrac{12}{4}=3$은 자연수이므로, 여기에 해당!

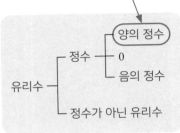

답

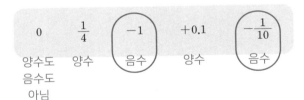

03 0보다 작은 수 → 음수

답 2개

04
① 영상 24 ℃ → ~~24~~ +24

② 20000원 손해 → ~~+20000~~ −20000

③ 100개 증가 → ~~−100~~ +100

④ 3 % 하락 → −3

⑤ 해발 320 m → ~~−320~~ +320

답 ④

단원 마무리

1. 수

01 1.2와 같은 수는? ②

① 12   ☑ $\dfrac{12}{10}$

③ $\dfrac{5}{6}$ ④ $\dfrac{4}{5}$

⑤ $\dfrac{3}{2}$

02 주어진 수가 해당하는 것에 모두 ○표 하시오.

03 다음 중 0보다 작은 수는 몇 개인지 쓰시오.

$$0 \quad \dfrac{1}{4} \quad \boxed{-1} \quad +0.1 \quad \boxed{-\dfrac{1}{10}}$$

2개

04 + 또는 − 부호를 사용하여 알맞게 나타낸 것은? ④

① 영상 24 ℃ → −24 ℃

② 20000원 손해 → +20000원

③ 100개 증가 → −100개

☑ 3 % 하락 → −3 %

⑤ 해발 320 m → −320 m

05 절댓값이 0.5인 수를 모두 쓰시오.

$$+0.5, \ -0.5$$

06 다음 보기에서 −3에 대한 설명으로 옳은 것을 모두 찾아 기호를 쓰시오. ㉠, ㉢

보기
☑ ㉠ 음의 3이라고 읽는다.
㉡ 수직선에서 0의 오른쪽에 있는 수이다.
㉢ −2보다 큰 수이다.
☑ ㉣ 0보다 3 작은 수이다.

06 −3에 대해 옳은 설명 찾기

㉠ 음의 3이라고 읽는다. (○)
→ −3은 '음의 3' 또는 '마이너스 3' 이라고 읽음

㉡ 수직선에서 0의 오른쪽에 있는 수이다. (×)
→ −3은 음수이므로, 0의 왼쪽에 있음

㉢ −2보다 큰 수이다. (×)
→ −3은 −2보다 작음

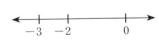

㉣ 0보다 3 작은 수이다. (○)

답 ㉠, ㉣

08

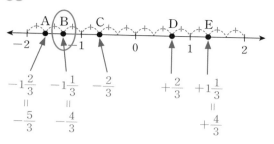

$$-1\frac{2}{3} \quad -1\frac{1}{3} \quad -\frac{2}{3} \qquad +\frac{2}{3} \qquad +1\frac{1}{3}$$
$$= \qquad = \qquad\qquad\qquad\qquad =$$
$$-\frac{5}{3} \qquad -\frac{4}{3} \qquad\qquad\qquad\qquad +\frac{4}{3}$$

目 점 B

09

① 6 → 정수

② $-\frac{10}{5} = -2$ → 정수

③ 0 → 정수

④ -0.1 → 정수가 아닌 유리수

⑤ $+100$ → 정수

目 ④

10

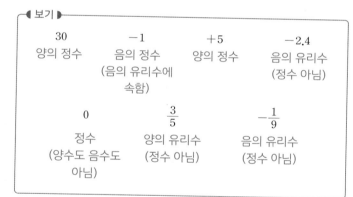

(1) 양의 정수: 30, $+5$

(2) 정수: 30, -1, $+5$, 0

(3) 음의 유리수: -1, -2.4, $-\frac{1}{9}$

11 주어진 수를 수직선 위에 나타내기

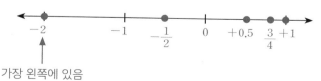

가장 왼쪽에 있음
(가장 작음)

目 ③

▶정답 및 해설 16~17쪽

07 다음 수를 큰 수부터 순서대로 쓰시오.

$$15, 3, 0, -1, -5, -8$$

08 수직선에서 $-\frac{4}{3}$에 대응하는 점을 쓰시오.

점 B

09 다음 중 정수가 <u>아닌</u> 유리수는? ④

① 6　　　② $-\frac{10}{5}$

③ 0　　　✓ -0.1

⑤ $+100$

10 보기에서 알맞은 수를 모두 찾아 쓰시오.

(1) 양의 정수　30, $+5$

(2) 정수　30, -1, $+5$, 0

(3) 음의 유리수

$$-1, -2.4, -\frac{1}{9}$$

11 다음 수를 수직선 위에 나타낼 때, 가장 왼쪽에 있는 수는? ③

① $+0.5$　　　② $-\frac{1}{2}$

✓ -2　　　④ $\frac{3}{4}$

⑤ $+1$

12 두 점 사이의 거리를 나타내도록 빈칸에 알맞은 수를 쓰시오.

12

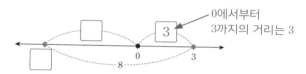

0에서부터 3까지의 거리는 3

↓

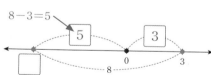

$8-3=5$

↓

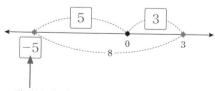

0에서부터 거리가 5이면서,
0보다 왼쪽에 있는 수이므로 -5

50쪽 풀이

13 ① 0 > −4 (○)
→ 0은 항상
음수보다 큼

② +5 > −7 (○)
→ 양수는 항상
음수보다 큼

③ |+6| < |−8| (○)
‖　　　‖
6　　　8

④ |−3| > |+$\frac{7}{3}$| (○)
‖　　　　‖
3　　　$\frac{7}{3}$
　　　　‖
　　　2$\frac{1}{3}$

⑤ −$\frac{1}{5}$ < −$\frac{1}{4}$ (×)
→ |−$\frac{1}{5}$| < |−$\frac{1}{4}$|이고,
　　‖　　　　‖
　　$\frac{1}{5}$　　　$\frac{1}{4}$

음수는 절댓값이 클수록

작은 수이므로, −$\frac{1}{5}$ > −$\frac{1}{4}$

답 ⑤

14 ① 영상 29℃ → +29

② 1200원을 지불 → −1200

③ 400원 할인 → −400

④ 지상 3층 → +3

⑤ 0.3 kg 줄었다. → −0.3

답 ③

15

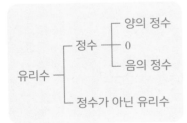

① 정수는 유리수이다. (○)

② 0은 정수이지만 유리수는 아니다. (×)
→ 0은 정수이면서 유리수

③ 양의 정수는 양의 유리수이다. (○)

④ 1.2는 유리수이지만 정수는 아니다. (○)

⑤ |−3|은 양의 유리수이다. (○)
→ |−3|=3이므로, 양의 유리수

답 ②

50

단원 마무리

13 다음 중 옳지 않은 것은? **⑤**
① 0 > −4　　② +5 > −7
③ |+6| < |−8|　④ |−3| > |+$\frac{7}{3}$|
✔ −$\frac{1}{5}$ < −$\frac{1}{4}$

15 다음 설명 중 옳지 않은 것은? **②**
① 정수는 유리수이다.
✔ 0은 정수이지만 유리수는 아니다.
③ 양의 정수는 양의 유리수이다.
④ 1.2는 유리수이지만 정수는 아니다.
⑤ |−3|은 양의 유리수이다.

14 다음 글을 보고 밑줄 친 부분을 + 또는 −를 사용하여 바르게 나타낸 것은? **③**

아침에 일기예보를 보니 오늘 최고 기온이 ①영상 29℃였다. 버스 요금 ②1200원을 지불하고 학교에 도착했다.
매점에 갔더니 매일 사 먹는 빵이 ③400원 할인하고 있었다. 학교 수업이 끝나고 ④지상 3층에 있는 학원에 도착했다.
집으로 돌아와서 씻고 몸무게를 재어보니 어제보다 체중이 ⑤0.3 kg 줄었다.

① −29　　② +1200
✔ −400　　④ −3
⑤ +0.3

16 수직선에서 −6과 6을 나타내는 두 점으로부터 같은 거리만큼 떨어진 점이 나타내는 수를 쓰시오. **0**

50 정수와 유리수 1

16 −6과 6을 수직선에 나타내고, 두 점 사이의 거리 구하기

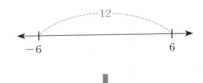

↓

−6과 6에서 각각 같은 거리만큼 떨어진 점을 표시하기

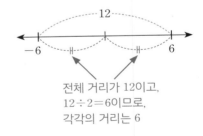

전체 거리가 12이고,
12÷2=6이므로,
각각의 거리는 6

↓

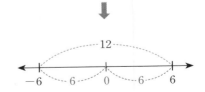

답 0

17 ㉠ 절댓값이 4인 수는 2개이다. (○)
→ $|-4|=4$, $|+4|=4$

㉡ 절댓값은 항상 0보다 크다. (×)
→ $|0|=0$인 경우도 있음

㉢ 음수는 작을수록 절댓값이 크다. (○)

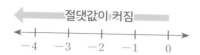
절댓값이 커짐

㉣ $|a|=a$이면 a는 항상 양수이다. (×)
→ $|0|=0$인 경우도 있음

답 ㉠, ㉢

18

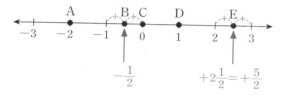

$-\frac{1}{2}$

$+2\frac{1}{2}=+\frac{5}{2}$

① 자연수에 대응하는 점은 2개이다. (×)
→ 자연수에 대응하는 점은 점 D

② 대응하는 수가 음수인 점은 점 A, B, C이다. (×)
→ 점 C는 0에 대응하는 점

③ 점 E에 대응하는 수는 $-\frac{5}{2}$이다. (×)

→ 점 E에 대응하는 수는 $+\frac{5}{2}$

④ 대응하는 수가 유리수인 점은 점 B, E뿐이다. (×)
→ 정수도 유리수에 포함되므로,
  대응하는 수가 유리수인 점은 점 A, B, C, D, E 전부

⑤ 대응하는 수의 절댓값이 1보다 큰 점은 점 A, E이다. (○)
→ 점 A는 $|-2|=2$, 점 B는 $\left|-\frac{1}{2}\right|=\frac{1}{2}$, 점 C는 $|0|=0$,
  점 D는 $|1|=1$, 점 E는 $\left|+\frac{5}{2}\right|=\frac{5}{2}$

답 ⑤

19
두 수가
원점에서부터
같은 거리만큼
떨어져 있음

두 수 사이의
거리가 18

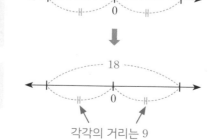

각각의 거리는 9

답 $+9$, -9

51

▶ 정답 및 해설 18~19쪽

17 다음 보기에서 절댓값에 대한 설명으로 옳은 것을 모두 찾아 기호를 쓰시오. ㉠, ㉢

보기
㉠ 절댓값이 4인 수는 2개이다.
㉡ 절댓값은 항상 0보다 크다.
㉢ 음수는 작을수록 절댓값이 크다.
㉣ $|a|=a$이면 항상 a는 양수이다.

19 수직선 위에서 어떤 두 수에 각각 대응하는 점이 원점에서부터 같은 거리만큼 떨어져 있고, 두 점 사이의 거리가 18일 때, 어떤 두 수를 쓰시오.

$+9$, -9

18 수직선 위의 점 A, B, C, D, E에 대한 설명으로 옳은 것은? ⑤

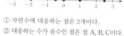

① 자연수에 대응하는 점은 2개이다.
② 대응하는 수가 음수인 점은 점 A, B, C이다.
③ 점 E에 대응하는 수는 $-\frac{5}{2}$이다.
④ 대응하는 수가 유리수인 점은 점 B, E뿐이다.
⑤ 대응하는 수의 절댓값이 1보다 큰 점은 점 A, E이다.

20 5장의 수 카드 중에서 양수 카드는 3장, 정수가 아닌 유리수 카드는 2장입니다. 수 카드 ? 에 들어갈 수로 알맞은 것은? ③

$+6.0$ -2 $-\frac{1}{3}$ $+0.5$?

① $+1.2$ ② -3
③ $+6$ ④ 0
⑤ -5.9

1. 수 **51**

20

	$+6.0$	-2	$-\frac{1}{3}$	$+0.5$	?
양수	○	×	×	○	○ ← 양수가 3개여야 하니까 ? 도 양수
정수가 아닌 유리수	×	×	○	○	× ← 정수가 아닌 유리수는 2개여야 하니까 ? 는 정수

→ ? 는 **양수**이면서, **정수**
즉, **양의 정수**

① $+1.2$ ② -3
③ $+6$ ④ 0
⑤ -5.9

답 ③

52쪽 풀이

21 $1<|a|<\dfrac{13}{3}$이고, a가 정수

$$\parallel$$

$$4\dfrac{1}{3}$$

→ $|a|$는 1보다 크고 $4\dfrac{1}{3}$보다 작은 양의 정수 (자연수)

따라서, $|a|=2,3,4$

- $|a|=2$일 때는 $a=-2, +2$
- $|a|=3$일 때는 $a=-3, +3$
- $|a|=4$일 때는 $a=-4, +4$

답 $-4, -3, -2, +2, +3, +4$

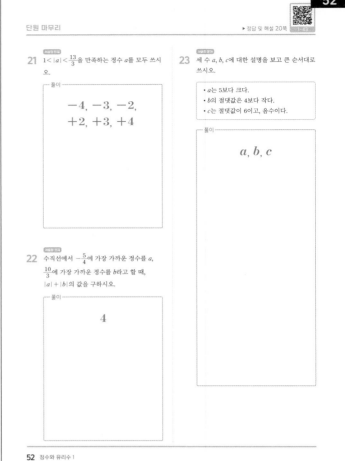

단원 마무리 ▶ 정답 및 해설 20쪽

21 $1<|a|<\dfrac{13}{3}$을 만족하는 정수 a를 모두 쓰시오.

─ 풀이 ─

$$-4, -3, -2,$$
$$+2, +3, +4$$

23 세 수 a, b, c에 대한 설명을 보고 큰 순서대로 쓰시오.

- a는 5보다 크다.
- b의 절댓값은 4보다 작다.
- c는 절댓값이 6이고, 음수이다.

─ 풀이 ─

$$a, b, c$$

22 수직선에서 $-\dfrac{5}{4}$에 가장 가까운 정수를 a, $\dfrac{10}{3}$에 가장 가까운 정수를 b라고 할 때, $|a|+|b|$의 값을 구하시오.

─ 풀이 ─

$$4$$

52 정수와 유리수 1

22

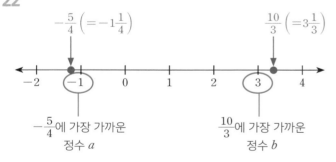

→ $a=-1, b=3$

$$|a|+|b|=|-1|+|3|$$
$$=1+3$$
$$=4$$

답 4

23
- a는 5보다 크다.
  → $a>5$

- b의 절댓값은 4보다 작다.
  → $|b|<4$
  → $-4<b<4$

- c는 절댓값이 6이고, 음수이다.
  → $c=-6$

a, b, c를 수직선에 나타내어보면, 다음과 같음

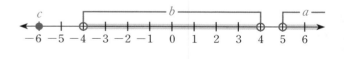

→ 큰 순서대로 쓰면 a, b, c

답 a, b, c

1 +와 −의 의미

▶ 정답 및 해설 21쪽

+, −의 두 가지 의미

의미 ① 수 바로 앞에 있으면 **부호**

읽기 : 마이너스 또는 음의 ─□ 음수
읽기 : 플러스 또는 양의 +□ 양수

의미 ② 두 수 사이에 있으면 **계산**

□ − △ 읽기 : 마이너스 또는 빼기
□ + △ 읽기 : 플러스 또는 더하기

가능한 뺄셈식
(양수) − (양수)　(음수) − (양수)
(양수) − (음수)　(음수) − (음수)

가능한 덧셈식
(양수) + (양수)　(음수) + (양수)
(양수) + (음수)　(음수) + (음수)

초등에서는 0 이상인 수만 다루기 때문에, 더하기와 빼기를 모으기와 가르기로 했던 거야!

근데 중등에서는 보이지 않는 '정도'를 나타내는 것으로 수가 확장됐잖아~

그래서 더하기와 빼기에 대한 새로운 약속이 필요해!

덧셈과 뺄셈의 새로운 약속

수직선에서의 점의 이동

예

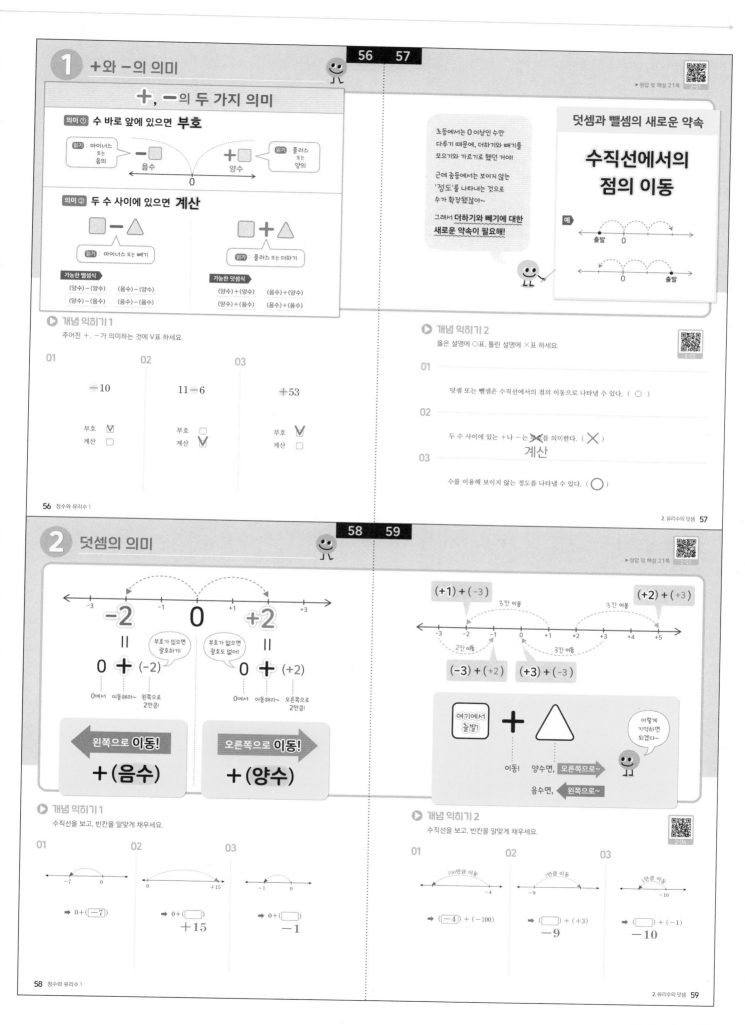

▶ 개념 익히기 1

주어진 +, −가 의미하는 것에 V표 하세요.

01　　　**02**　　　**03**

−10　　　11−6　　　+53

01: 부호 ☑ / 계산 ☐
02: 부호 ☐ / 계산 ☑
03: 부호 ☑ / 계산 ☐

▶ 개념 익히기 2

옳은 설명에 ○표, 틀린 설명에 ×표 하세요.

01　덧셈 또는 뺄셈은 수직선에서의 점의 이동으로 나타낼 수 있다. (○)

02　두 수 사이에 있는 +나 −는 ~~부호~~를 의미한다. (×)
　　계산

03　수를 이용해 보이지 않는 정도를 나타낼 수 있다. (○)

2 덧셈의 의미

▶ 정답 및 해설 21쪽

−2 = 0 + (−2)　부호가 있으면 괄호하기!
　0에서 이동해라~ 왼쪽으로 2만큼!

+2 = 0 + (+2)　부호가 없으면 괄호도 없어!
　0에서 이동해라~ 오른쪽으로 2만큼!

왼쪽으로 이동! + (음수)
오른쪽으로 이동! + (양수)

(+1) + (−3)　3칸 이동
(+2) + (+3)　3칸 이동
(−3) + (+2)　2칸 이동
(+3) + (−3)　3칸 이동

여기에서 출발! + △
이동! 양수면, 오른쪽으로~
음수면, 왼쪽으로~

이렇게 기억하면 되겠다~

▶ 개념 익히기 1

수직선을 보고, 빈칸을 알맞게 채우세요.

01　➡ 0 + (−7)

02　➡ 0 + (□)
　　　　+15

03　➡ 0 + (□)
　　　　−1

▶ 개념 익히기 2

수직선을 보고, 빈칸을 알맞게 채우세요.

01　100만큼 이동　−4
　➡ (−4) + (−100)

02　3만큼 이동　−9
　➡ (□) + (+3)
　　−9

03　1만큼 이동　−10
　➡ (□) + (−1)
　　−10

60 61

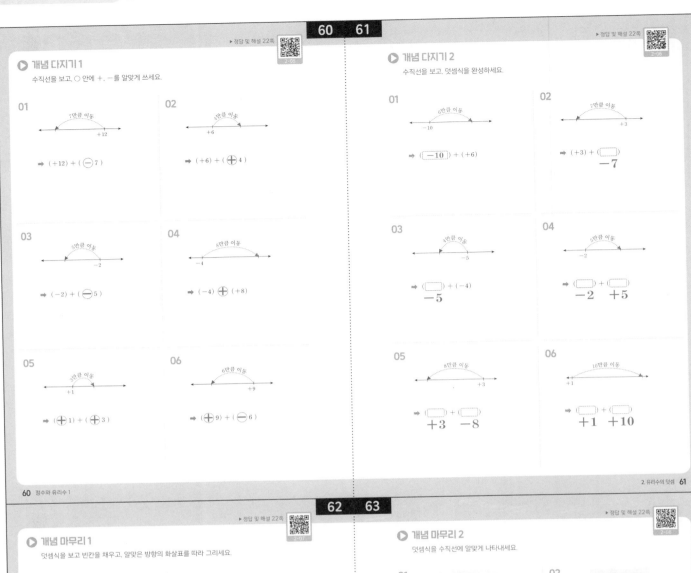

개념 다지기 1

수직선을 보고, ○ 안에 +, −를 알맞게 쓰세요.

01 ➡ $(+12) + (\ominus 7)$

02 ➡ $(+6) + (\oplus 4)$

03 ➡ $(-2) + (\ominus 5)$

04 ➡ $(-4) \oplus (+8)$

05 ➡ $(\oplus 1) + (\oplus 3)$

06 ➡ $(\oplus 9) + (\ominus 6)$

개념 다지기 2

수직선을 보고, 덧셈식을 완성하세요.

01 ➡ $(\boxed{-10}) + (+6)$

02 ➡ $(+3) + (\boxed{})$ -7

03 ➡ $(\boxed{}) + (-4)$ -5

04 ➡ $(\boxed{}) + (\boxed{})$ -2 $+5$

05 ➡ $(\boxed{}) + (\boxed{})$ $+3$ -8

06 ➡ $(\boxed{}) + (\boxed{})$ $+1$ $+10$

62 63

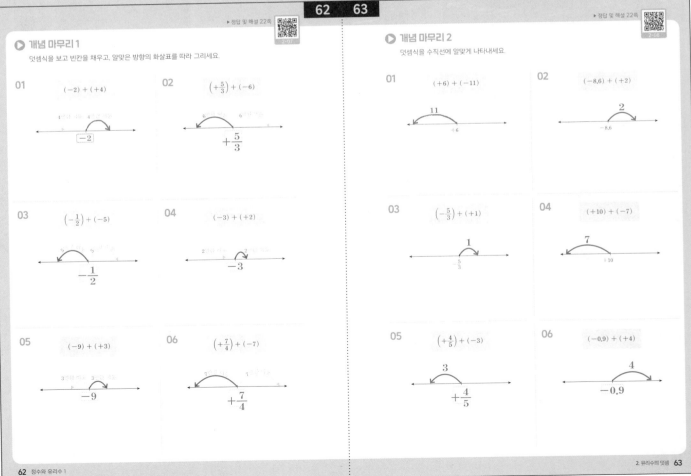

개념 마무리 1

덧셈식을 보고 빈칸을 채우고, 알맞은 방향의 화살표를 따라 그리세요.

01 $(-2) + (+4)$ -2

02 $\left(+\dfrac{5}{3}\right) + (-6)$ $+\dfrac{5}{3}$

03 $\left(-\dfrac{1}{2}\right) + (-5)$ $-\dfrac{1}{2}$

04 $(-3) + (+2)$ -3

05 $(-9) + (+3)$ -9

06 $\left(+\dfrac{7}{4}\right) + (-7)$ $+\dfrac{7}{4}$

개념 마무리 2

덧셈식을 수직선에 알맞게 나타내세요.

01 $(+6) + (-11)$ 11 $+6$

02 $(-8.6) + (+2)$ 2 -8.6

03 $\left(-\dfrac{5}{3}\right) + (+1)$ 1 $-\dfrac{5}{3}$

04 $(+10) + (-7)$ 7 $+10$

05 $\left(+\dfrac{4}{5}\right) + (-3)$ 3 $+\dfrac{4}{5}$

06 $(-0.9) + (+4)$ 4 -0.9

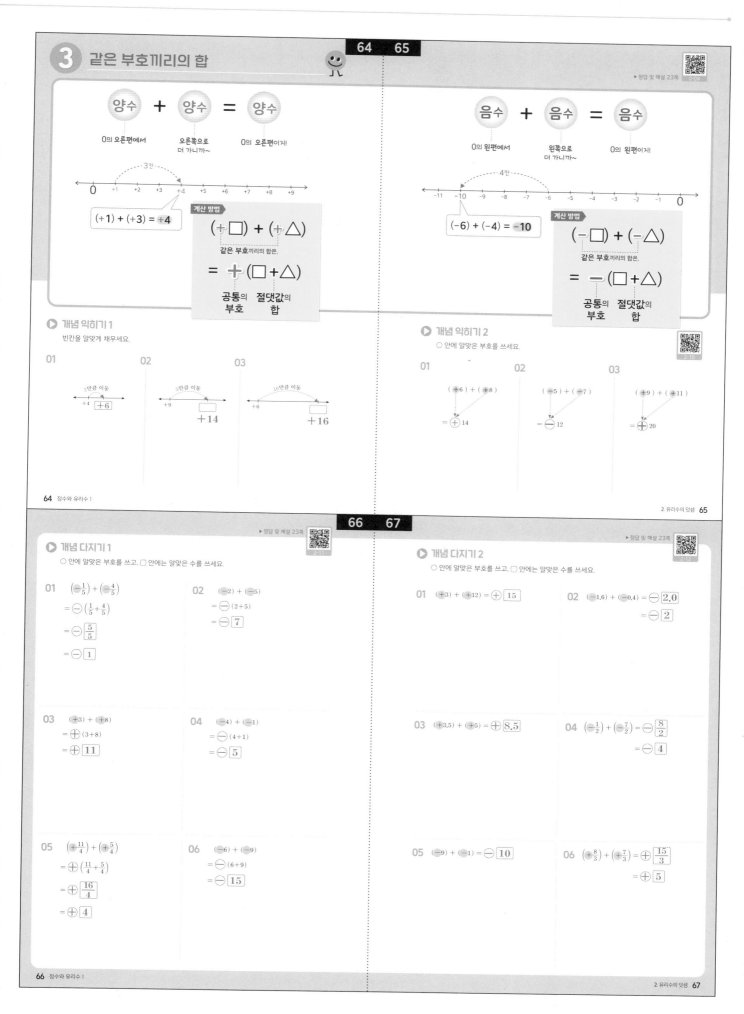

3 같은 부호끼리의 합

양수 ＋ 양수 ＝ 양수

0의 오른편에서 / 오른쪽으로 더 가니까~ / 0의 오른편이지!

$(+1) + (+3) = +4$

계산 방법

$(+\square) + (+\triangle)$

같은 부호끼리의 합은,

$= +(\square+\triangle)$

공통의 부호   절댓값의 합

음수 ＋ 음수 ＝ 음수

0의 왼편에서 / 왼쪽으로 더 가니까~ / 0의 왼편이지!

$(-6) + (-4) = -10$

계산 방법

$(-\square) + (-\triangle)$

같은 부호끼리의 합은,

$= -(\square+\triangle)$

공통의 부호   절댓값의 합

▶ 개념 익히기 1

빈칸을 알맞게 채우세요.

01   2만큼 이동 $+4$ $+6$

02   5만큼 이동 $+9$ □ $+14$

03   10만큼 이동 $+6$ □ $+16$

▶ 개념 익히기 2

○ 안에 알맞은 부호를 쓰세요.

01   $(+6) + (+8)$ $= +14$

02   $(-5) + (-7)$ $= -12$

03   $(+9) + (+11)$ $= +20$

▶ 개념 다지기 1

○ 안에 알맞은 부호를 쓰고, □ 안에는 알맞은 수를 쓰세요.

01   $\left(-\frac{1}{5}\right) + \left(-\frac{4}{5}\right)$
$= -\left(\frac{1}{5}+\frac{4}{5}\right)$
$= -\boxed{\frac{5}{5}}$
$= -\boxed{1}$

02   $(-2) + (-5)$
$= -(2+5)$
$= -\boxed{7}$

03   $(+3) + (+8)$
$= +(3+8)$
$= +\boxed{11}$

04   $(-4) + (-1)$
$= -(4+1)$
$= -\boxed{5}$

05   $\left(+\frac{11}{4}\right) + \left(+\frac{5}{4}\right)$
$= +\left(\frac{11}{4}+\frac{5}{4}\right)$
$= +\boxed{\frac{16}{4}}$
$= +\boxed{4}$

06   $(-6) + (-9)$
$= -(6+9)$
$= -\boxed{15}$

▶ 개념 다지기 2

○ 안에 알맞은 부호를 쓰고, □ 안에는 알맞은 수를 쓰세요.

01   $(+3) + (+12) = +\boxed{15}$

02   $(-1.6) + (-0.4) = -\boxed{2.0}$
$= -\boxed{2}$

03   $(+3.5) + (+5) = +\boxed{8.5}$

04   $\left(-\frac{1}{2}\right) + \left(-\frac{7}{2}\right) = -\boxed{\frac{8}{2}}$
$= -\boxed{4}$

05   $(-9) + (-1) = -\boxed{10}$

06   $\left(+\frac{8}{3}\right) + \left(+\frac{7}{3}\right) = +\boxed{\frac{15}{3}}$
$= +\boxed{5}$

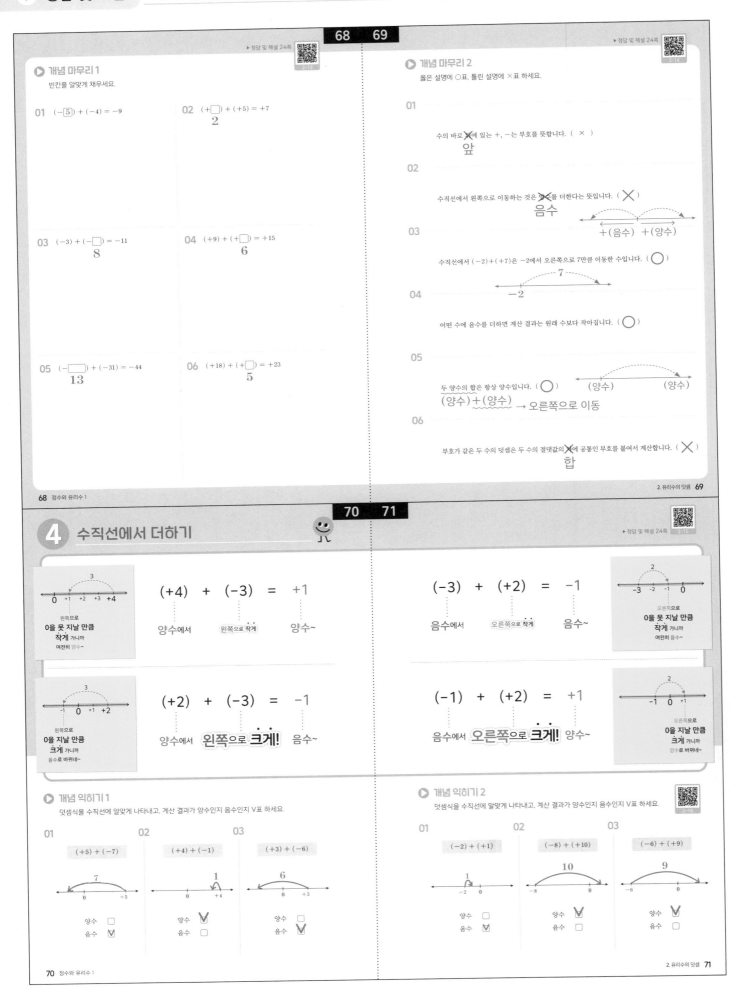

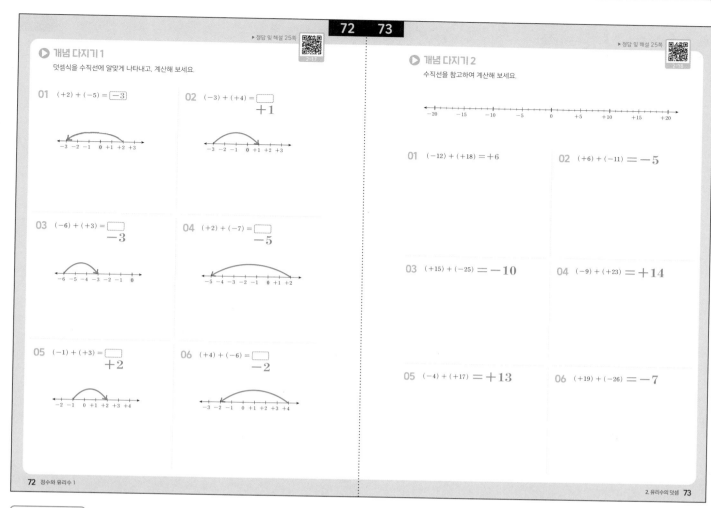

▶ 정답 및 해설 25쪽

◎ 개념 다지기 1

덧셈식을 수직선에 알맞게 나타내고, 계산해 보세요.

01　$(+2)+(-5)=\boxed{-3}$

02　$(-3)+(+4)=\boxed{}$
$+1$

03　$(-6)+(+3)=\boxed{}$
-3

04　$(+2)+(-7)=\boxed{}$
-5

05　$(-1)+(+3)=\boxed{}$
$+2$

06　$(+4)+(-6)=\boxed{}$
-2

▶ 정답 및 해설 25쪽

◎ 개념 다지기 2

수직선을 참고하여 계산해 보세요.

01　$(-12)+(+18)=+6$

02　$(+6)+(-11)=-5$

03　$(+15)+(-25)=-10$

04　$(-9)+(+23)=+14$

05　$(-4)+(+17)=+13$

06　$(+19)+(-26)=-7$

73쪽 풀이

01　$(-12)+(+18)=+6$

02　$(+6)+(-11)=-5$

03　$(+15)+(-25)=-10$

04　$(-9)+(+23)=+14$

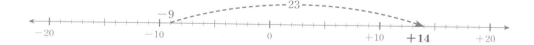

05　$(-4)+(+17)=+13$

06　$(+19)+(-26)=-7$

▶ 개념 마무리 1

합이 음수인 것만 따라갈 때, 도착하는 곳에 ○표 하세요.

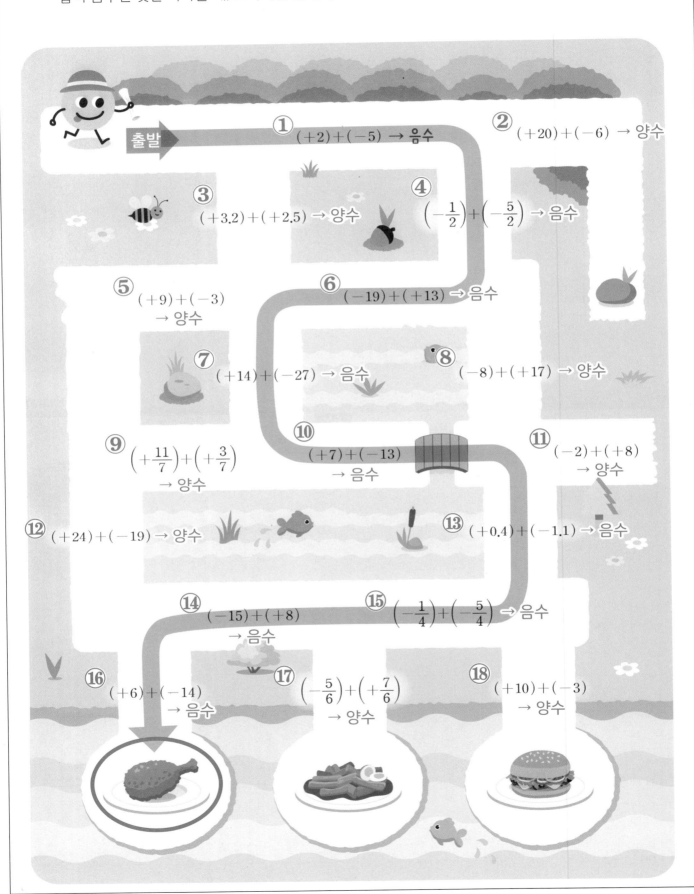

① $(+2)+(-5) \rightarrow$ 음수

② $(+20)+(-6) \rightarrow$ 양수

③ $(+3.2)+(+2.5) \rightarrow$ 양수

④ $\left(-\dfrac{1}{2}\right)+\left(-\dfrac{5}{2}\right) \rightarrow$ 음수

⑤ $(+9)+(-3) \rightarrow$ 양수

⑥ $(-19)+(+13) \rightarrow$ 음수

⑦

⑧ $(-8)+(+17) \rightarrow$ 양수

$(+14)+(-27) \rightarrow$ 음수

⑨ $\left(+\dfrac{11}{7}\right)+\left(+\dfrac{3}{7}\right) \rightarrow$ 양수

⑩ $(+7)+(-13) \rightarrow$ 음수

⑪ $(-2)+(+8) \rightarrow$ 양수

⑫ $(+24)+(-19) \rightarrow$ 양수

⑬ $(+0.4)+(-1.1) \rightarrow$ 음수

⑭ $(-15)+(+8) \rightarrow$ 음수

⑮ $\left(-\dfrac{1}{4}\right)+\left(-\dfrac{5}{4}\right) \rightarrow$ 음수

⑯ $(+6)+(-14) \rightarrow$ 음수

⑰ $\left(-\dfrac{5}{6}\right)+\left(+\dfrac{7}{6}\right) \rightarrow$ 양수

⑱ $(+10)+(-3) \rightarrow$ 양수

① $(+2)+(-5) →$ 음수

② $(+20)+(-6) →$ 양수

③ $(+3.2)+(+2.5) →$ 양수

④ $\left(-\dfrac{1}{2}\right)+\left(-\dfrac{5}{2}\right) →$ 음수

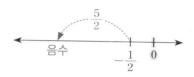

⑤ $(+9)+(-3) →$ 양수

⑥ $(-19)+(+13) →$ 음수

⑦ $(+14)+(-27) →$ 음수

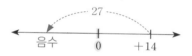

⑧ $(-8)+(+17) →$ 양수

⑨ $\left(+\dfrac{11}{7}\right)+\left(+\dfrac{3}{7}\right) →$ 양수

⑩ $(+7)+(-13) →$ 음수

⑪ $(-2)+(+8) →$ 양수

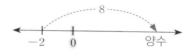

⑫ $(+24)+(-19) →$ 양수

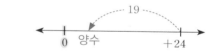

⑬ $(+0.4)+(-1.1) →$ 음수

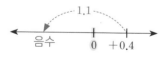

⑭ $(-15)+(+8) →$ 음수

⑮ $\left(-\dfrac{1}{4}\right)+\left(-\dfrac{5}{4}\right) →$ 음수

⑯ $(+6)+(-14) →$ 음수

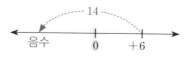

⑰ $\left(-\dfrac{5}{6}\right)+\left(+\dfrac{7}{6}\right) →$ 양수

⑱ $(+10)+(-3) →$ 양수

75쪽 풀이

01 $(+6)+(-4) \to$ 양수

$(-8)+(-2) \to$ 음수

→ $(+6)+(-4) \;\gt\; (-8)+(-2)$
    양수   음수

02 $(-7)+(+5) \to$ 음수

$(-1)+(+4) \to$ 양수

→ $(-7)+(+5) \;\lt\; (-1)+(+4)$
    음수   양수

개념 마무리 2

계산 결과가 양수인지 음수인지 비교하여, ○ 안에 >, <를 알맞게 쓰세요.

▶ 정답 및 해설 28쪽

75

01 $(+6)+(-4)\;\gt\;(-8)+(-2)$
     양수   음수

02 $(-7)+(+5)\;\lt\;(-1)+(+4)$
     음수   양수

03 $(+0.2)+(+1.2)\;\gt\;(+5)+(-11)$
     양수   음수

04 $\left(+\frac{3}{2}\right)+\left(+\frac{5}{2}\right)\;\gt\;(-7)+(+3)$
     양수   음수

05 $\left(-\frac{5}{3}\right)+\left(+\frac{2}{3}\right)\;\lt\;(+3)+(-1)$
     음수   양수

06 $(+17)+(-20)\;\lt\;\left(-\frac{7}{4}\right)+\left(+\frac{13}{4}\right)$
     음수   양수

2. 유리수의 덧셈 **75**

---

03 $(+0.2)+(+1.2) \to$ 양수

$(+5)+(-11) \to$ 음수

→ $(+0.2)+(+1.2) \;\gt\; (+5)+(-11)$
    양수   음수

04 $\left(+\dfrac{3}{2}\right)+\left(+\dfrac{5}{2}\right) \to$ 양수

$(-7)+(+3) \to$ 음수

→ $\left(+\dfrac{3}{2}\right)+\left(+\dfrac{5}{2}\right) \;\gt\; (-7)+(+3)$
         양수   음수

05 $\left(-\dfrac{5}{3}\right)+\left(+\dfrac{2}{3}\right) \to$ 음수

$(+3)+(-1) \to$ 양수

→ $\left(-\dfrac{5}{3}\right)+\left(+\dfrac{2}{3}\right) \;\lt\; (+3)+(-1)$
        음수   양수

06 $(+17)+(-20) \to$ 음수

$\left(-\dfrac{7}{4}\right)+\left(+\dfrac{13}{4}\right) \to$ 양수

→ $(+17)+(-20) \;\lt\; \left(-\dfrac{7}{4}\right)+\left(+\dfrac{13}{4}\right)$
     음수   양수

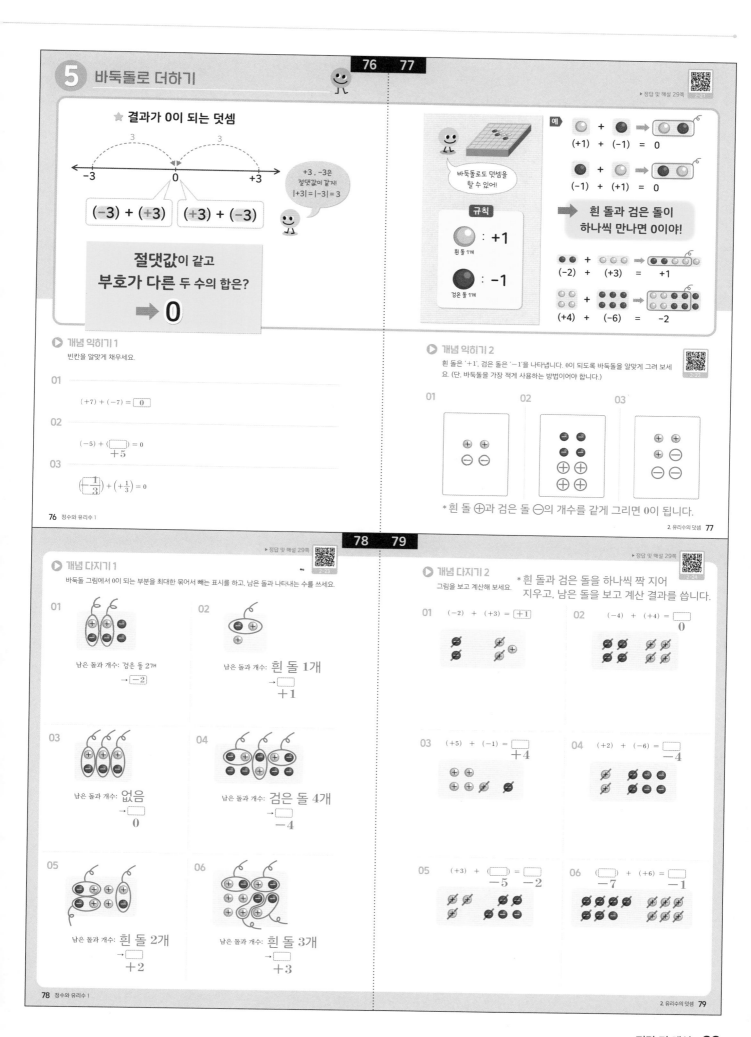

5 바둑돌로 더하기

▶정답 및 해설 29쪽

★ 결과가 0이 되는 덧셈

$$(-3) + (+3) \quad (+3) + (-3)$$

+3, −3은
절댓값이 같지!
$|+3| = |-3| = 3$

**절댓값이 같고
부호가 다른** 두 수의 합은?

➡ **0**

바둑돌로도 덧셈을
할 수 있어!

규칙

⚪ : **+1**
흰 돌 1개

⚫ : **−1**
검은 돌 1개

예

⚪ + ⚫ ➡ ⚪⚫
$(+1) + (-1) = 0$

⚫ + ⚪ ➡ ⚫⚪
$(-1) + (+1) = 0$

➡ **흰 돌과 검은 돌이
하나씩 만나면 0이야!**

⚫⚫ + ⚪⚪⚪ ➡ ⚫⚫⚪⚪⚪
$(-2) + (+3) = +1$

⚪⚪⚪⚪ + ⚫⚫⚫⚫⚫⚫ ➡ ⚪⚪⚪⚪⚫⚫⚫⚫⚫⚫
$(+4) + (-6) = -2$

▶ 개념 익히기 1

빈칸을 알맞게 채우세요.

01
$$(+7) + (-7) = \boxed{0}$$

02
$$(-5) + (\boxed{+5}) = 0$$

03
$$\left(-\frac{1}{3}\right) + \left(+\frac{1}{3}\right) = 0$$

▶ 개념 익히기 2

흰 돌은 '+1', 검은 돌은 '−1'을 나타냅니다. 0이 되도록 바둑돌을 알맞게 그려 보세요. (단, 바둑돌을 가장 적게 사용하는 방법이어야 합니다.)

01
⊕ ⊕
⊖ ⊖

02
⊖ ⊖
⊖ ⊖
⊕ ⊕
⊕ ⊕

03
⊕ ⊕
⊕ ⊖
⊖ ⊖

*흰 돌 ⊕과 검은 돌 ⊖의 개수를 같게 그리면 0이 됩니다.

▶정답 및 해설 29쪽

▶ 개념 다지기 1

바둑돌 그림에서 0이 되는 부분을 최대한 묶어서 빼는 표시를 하고, 남은 돌과 나타내는 수를 쓰세요.

01
남은 돌과 개수: 검은 돌 2개
→ $\boxed{-2}$

02
남은 돌과 개수: 흰 돌 1개
→ $\boxed{+1}$

03
남은 돌과 개수: 없음
→ $\boxed{0}$

04
남은 돌과 개수: 검은 돌 4개
→ $\boxed{-4}$

05
남은 돌과 개수: 흰 돌 2개
→ $\boxed{+2}$

06
남은 돌과 개수: 흰 돌 3개
→ $\boxed{+3}$

▶ 개념 다지기 2

*흰 돌과 검은 돌을 하나씩 짝 지어
지우고, 남은 돌을 보고 계산 결과를 씁니다.

그림을 보고 계산해 보세요.

01
$$(-2) + (+3) = \boxed{+1}$$

02
$$(-4) + (+4) = \boxed{0}$$

03
$$(+5) + (-1) = \boxed{+4}$$

04
$$(+2) + (-6) = \boxed{-4}$$

05
$$(+3) + (\boxed{-5}) = \boxed{-2}$$

06
$$(\boxed{-7}) + (+6) = \boxed{-1}$$

80쪽 풀이

01

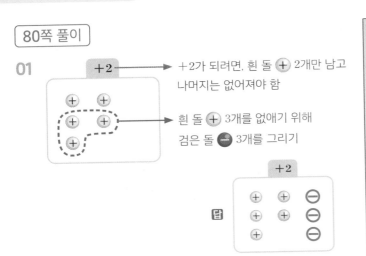

+2가 되려면, 흰 돌 ⊕ 2개만 남고 나머지는 없어져야 함

흰 돌 ⊕ 3개를 없애기 위해 검은 돌 ⊖ 3개를 그리기

02

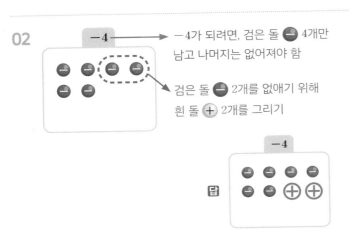

−4가 되려면, 검은 돌 ⊖ 4개만 남고 나머지는 없어져야 함

검은 돌 ⊖ 2개를 없애기 위해 흰 돌 ⊕ 2개를 그리기

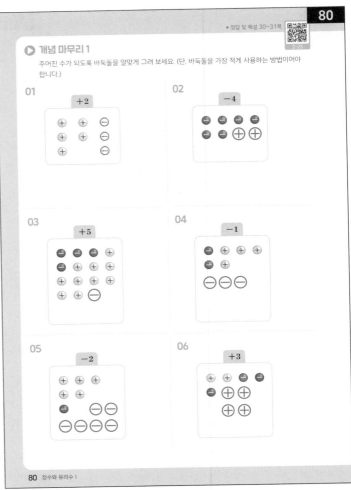

03

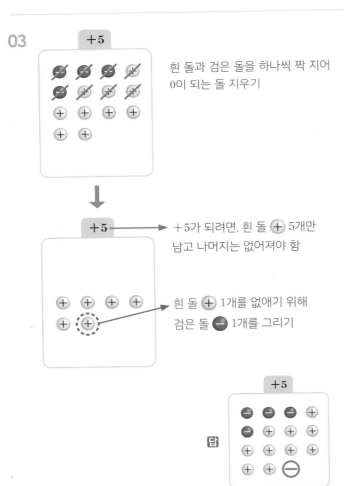

흰 돌과 검은 돌을 하나씩 짝 지어 0이 되는 돌 지우기

+5가 되려면, 흰 돌 ⊕ 5개만 남고 나머지는 없어져야 함

흰 돌 ⊕ 1개를 없애기 위해 검은 돌 ⊖ 1개를 그리기

04

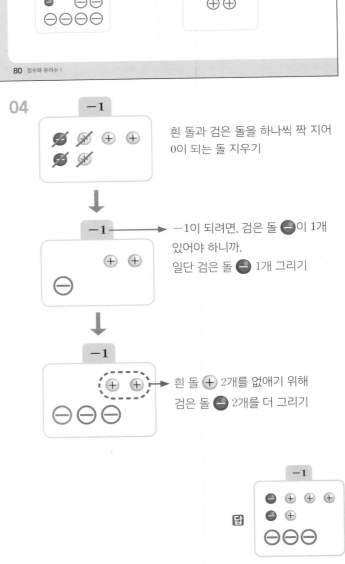

흰 돌과 검은 돌을 하나씩 짝 지어 0이 되는 돌 지우기

−1이 되려면, 검은 돌 ⊖이 1개 있어야 하니까, 일단 검은 돌 ⊖ 1개 그리기

흰 돌 ⊕ 2개를 없애기 위해 검은 돌 ⊖ 2개를 더 그리기

05

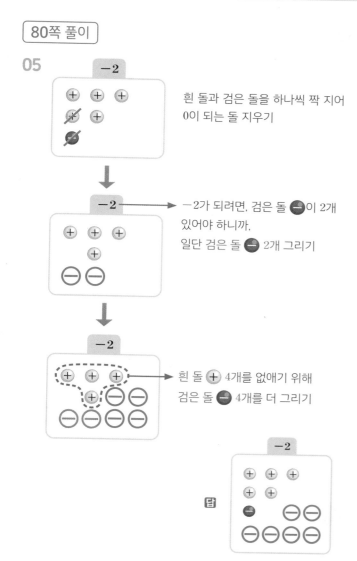

흰 돌과 검은 돌을 하나씩 짝 지어
0이 되는 돌 지우기

─2가 되려면, 검은 돌 ⊖이 2개
있어야 하니까,
일단 검은 돌 ⊖ 2개 그리기

흰 돌 ⊕ 4개를 없애기 위해
검은 돌 ⊖ 4개를 더 그리기

06

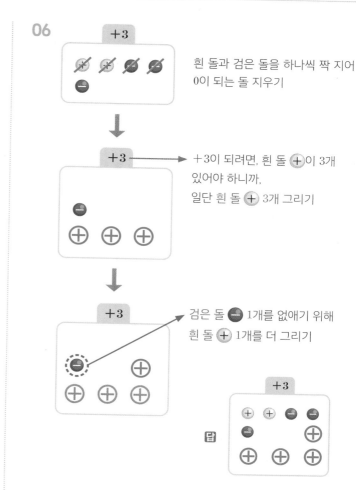

흰 돌과 검은 돌을 하나씩 짝 지어
0이 되는 돌 지우기

+3이 되려면, 흰 돌 ⊕이 3개
있어야 하니까,
일단 흰 돌 ⊕ 3개 그리기

검은 돌 ⊖ 1개를 없애기 위해
흰 돌 ⊕ 1개를 더 그리기

* 수에 알맞게 바둑돌을 그린 다음,
  검은 돌과 흰 돌을 하나씩 짝 지어서 지우고,
  남은 돌을 보고 계산 결과를 씁니다.

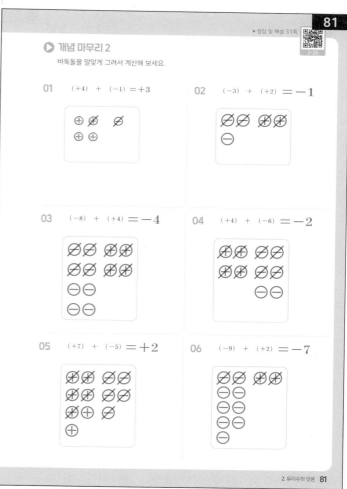

개념 마무리 2
바둑돌을 알맞게 그려서 계산해 보세요.

01    $(+4) + (-1) = +3$

02    $(-3) + (+2) = -1$

03    $(-8) + (+4) = -4$

04    $(+4) + (-6) = -2$

05    $(+7) + (-5) = +2$

06    $(-9) + (+2) = -7$

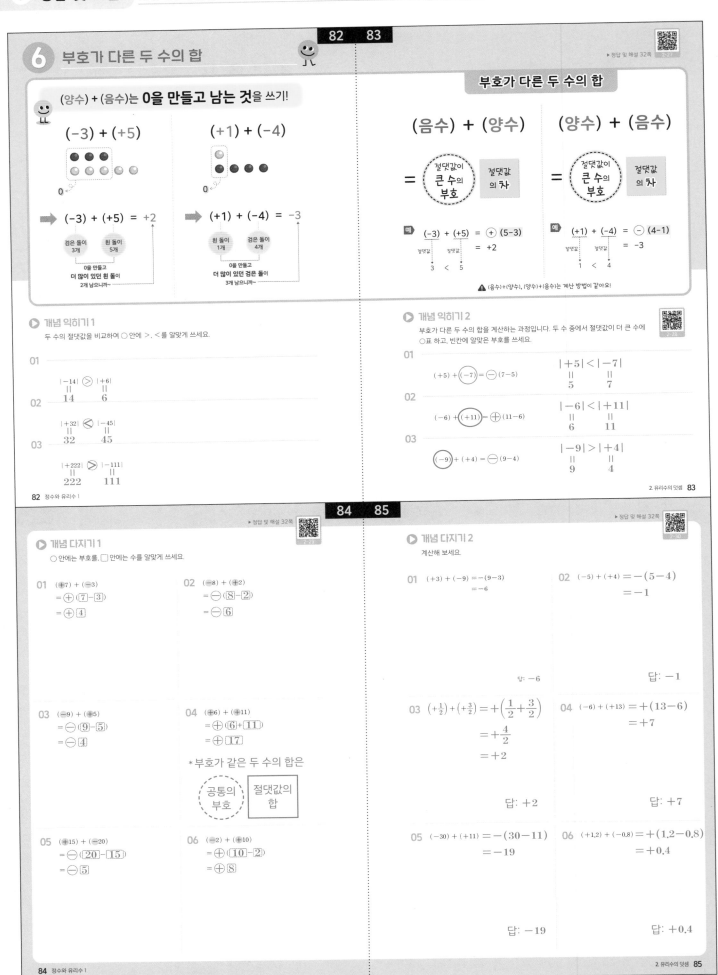

▶ 개념 마무리 1

계산 결과가 같은 것끼리 연결하세요.

01 $(-2)+(+5)$
$=+(5-2)$
$=+3$

02 $(-1)+(+10)$
$=+(10-1)$
$=+9$

03 $(+12)+(-8)$
$=+(12-8)$
$=+4$

04 $(-3)+(-2)$
$=-(3+2)$
$=-5$

05 $(+5)+(-5)$
$=0$

06 $(+7)+(-9)$
$=-(9-7)$
$=-2$

$(+3)+(+1)$
$=+(3+1)$
$=+4$

$(+11)+(-8)$
$=+(11-8)$
$=+3$

$(-10)+(+10)$
$=0$

$(-18)+(+13)$
$=-(18-13)$
$=-5$

$(+4)+(-6)$
$=-(6-4)$
$=-2$

$(-4)+(+13)$
$=+(13-4)$
$=+9$

▶ 개념 마무리 2

물음에 답하세요.

01 절댓값이 4인 양수와 절댓값이 9인 음수의 합을 구하세요.

$$+4 \qquad\qquad -9$$

$$\rightarrow (+4)+(-9)=-(9-4)$$
$$=-5$$

답: -5

02 절댓값이 $\dfrac{2}{3}$인 음수와 절댓값이 $\dfrac{4}{3}$인 음수의 합을 구하세요.

$$-\dfrac{2}{3} \qquad\qquad -\dfrac{4}{3}$$

$$\rightarrow \left(-\dfrac{2}{3}\right)+\left(-\dfrac{4}{3}\right)=-\left(\dfrac{2}{3}+\dfrac{4}{3}\right)$$
$$=-\dfrac{6}{3}$$
$$=-2$$

답: -2

03 절댓값이 0.9인 음수와 절댓값이 2.6인 양수의 합을 구하세요.

$$-0.9 \qquad\qquad +2.6$$

$$\rightarrow (-0.9)+(+2.6)=+(2.6-0.9)$$
$$=+1.7$$

답: $+1.7$

04 다음 수 중에서 가장 큰 수와 가장 작은 수의 합을 구하세요.

$$-3.6 \qquad 0 \qquad +7 \qquad \overset{2\frac{3}{5}}{\overset{\shortparallel}{\dfrac{13}{5}}} \qquad -10$$

$$\underset{\text{가장 작음}}{-10} < -3.6 < 0 < \dfrac{13}{5} < \underset{\text{가장 큼}}{+7}$$

$$\rightarrow (+7)+(-10)=-(10-7)$$
$$=-3$$

답: -3

05 다음 수 중에서 가장 큰 수와 가장 작은 수의 합을 구하세요.

$$+5 \qquad -1 \qquad \overset{-1\frac{1}{2}}{\overset{\shortparallel}{-\dfrac{3}{2}}} \qquad \overset{+6\frac{1}{2}}{\overset{\shortparallel}{+\dfrac{13}{2}}} \qquad +0.2$$

$$\underset{\text{가장 작음}}{-\dfrac{3}{2}} < -1 < +0.2 < +5 < \underset{\text{가장 큼}}{+\dfrac{13}{2}}$$

$$\rightarrow \left(+\dfrac{13}{2}\right)+\left(-\dfrac{3}{2}\right)=+\left(\dfrac{13}{2}-\dfrac{3}{2}\right)$$
$$=+\dfrac{10}{2}$$
$$=+5$$

답: $+5$

06 다음 수 중에서 가장 큰 수와 가장 작은 수의 합을 구하세요.

$$-2 \qquad +4 \qquad -3.1 \qquad -1.7 \qquad +5.2$$

$$\underset{\text{가장 작음}}{-3.1} < -2 < -1.7 < +4 < \underset{\text{가장 큼}}{+5.2}$$

$$\rightarrow (+5.2)+(-3.1)=+(5.2-3.1)$$
$$=+2.1$$

답: $+2.1$

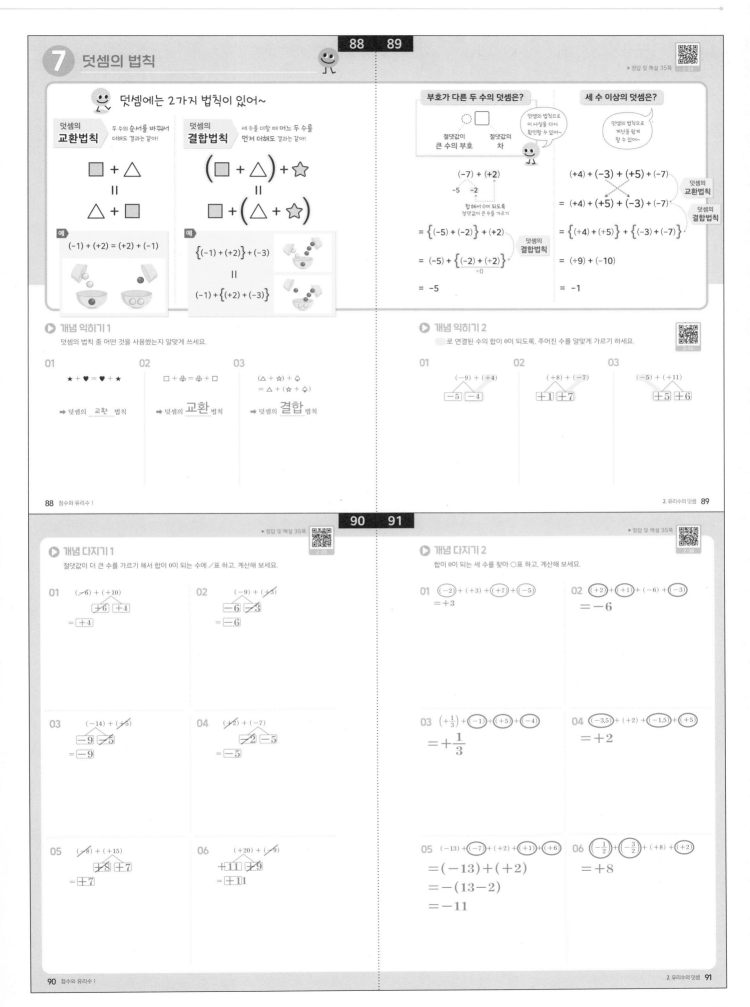

7 덧셈의 법칙

▶ 정답 및 해설 35쪽

덧셈에는 2가지 법칙이 있어~

덧셈의 교환법칙 두 수의 순서를 바꿔서 더해도 결과는 같아!

덧셈의 결합법칙 세 수를 더할 때 어느 두 수를 먼저 더해도 결과는 같아!

$$\square + \triangle$$
$$=$$
$$\triangle + \square$$

예
$$(-1) + (+2) = (+2) + (-1)$$

$$(\square + \triangle) + \star$$
$$=$$
$$\square + (\triangle + \star)$$

예
$$\{(-1) + (+2)\} + (-3)$$
$$=$$
$$(-1) + \{(+2) + (-3)\}$$

부호가 다른 두 수의 덧셈은?

절댓값이 큰 수의 부호 / 절댓값의 차

덧셈의 법칙으로 이 사실을 다시 확인할 수 있어~

$$(-7) + (+2)$$
$$-5 \quad -2$$
합해서 0이 되도록 절댓값이 큰 수를 가르기

$$= \{(-5) + (-2)\} + (+2)$$
$$= (-5) + \{(-2) + (+2)\}$$
$$=0$$
$$= -5$$

덧셈의 결합법칙

세 수 이상의 덧셈은?

덧셈의 법칙으로 계산을 쉽게 할 수 있어~

$$(+4) + (-3) + (+5) + (-7)$$
$$= (+4) + (+5) + (-3) + (-7)$$
$$= \{(+4) + (+5)\} + \{(-3) + (-7)\}$$
$$= (+9) + (-10)$$
$$= -1$$

덧셈의 교환법칙
덧셈의 결합법칙

▶ 개념 익히기 1

덧셈의 법칙 중 어떤 것을 사용했는지 알맞게 쓰세요.

01
$$\star + \heartsuit = \heartsuit + \star$$
→ 덧셈의 __교환__ 법칙

02
$$\square + \clubsuit = \clubsuit + \square$$
→ 덧셈의 __교환__ 법칙

03
$$(\triangle + \star) + \diamondsuit$$
$$= \triangle + (\star + \diamondsuit)$$
→ 덧셈의 __결합__ 법칙

▶ 개념 익히기 2

▨로 연결된 수의 합이 0이 되도록, 주어진 수를 알맞게 가르기 하세요.

01
$$(-9) + (+4)$$
$$\boxed{-5}\ \boxed{-4}$$

02
$$(+8) + (-7)$$
$$\boxed{+1}\ \boxed{+7}$$

03
$$(-5) + (+11)$$
$$\boxed{+5}\ \boxed{+6}$$

▶ 정답 및 해설 35쪽

▶ 개념 다지기 1

절댓값이 더 큰 수를 가르기 해서 합이 0이 되는 수에 /표 하고, 계산해 보세요.

01
$$(-6) + (+10)$$
$$\boxed{+6}\ \boxed{+4}$$
$$= \boxed{+4}$$

02
$$(-9) + (+3)$$
$$\boxed{-6}\ \boxed{-3}$$
$$= \boxed{-6}$$

03
$$(-14) + (+5)$$
$$\boxed{-9}\ \boxed{-5}$$
$$= \boxed{-9}$$

04
$$(+2) + (-7)$$
$$\boxed{-2}\ \boxed{-5}$$
$$= \boxed{-5}$$

05
$$(-8) + (+15)$$
$$\boxed{+8}\ \boxed{+7}$$
$$= \boxed{+7}$$

06
$$(+20) + (-9)$$
$$\boxed{+11}\ \boxed{+9}$$
$$= \boxed{+11}$$

▶ 개념 다지기 2

합이 0이 되는 세 수를 찾아 ○표 하고, 계산해 보세요.

01
$$(-2) + (+3) + (+7) + (-5)$$
$$= +3$$

02
$$(+2) + (+1) + (-6) + (-3)$$
$$= -6$$

03
$$(+\tfrac{1}{3}) + (-1) + (+5) + (-4)$$
$$= +\dfrac{1}{3}$$

04
$$(-3.5) + (+2) + (-1.5) + (+5)$$
$$= +2$$

05
$$(-13) + (-7) + (+2) + (+1) + (+6)$$
$$= (-13) + (+2)$$
$$= -(13-2)$$
$$= -11$$

06
$$(-\tfrac{1}{2}) + (-\tfrac{3}{2}) + (+8) + (+2)$$
$$= +8$$

92   93

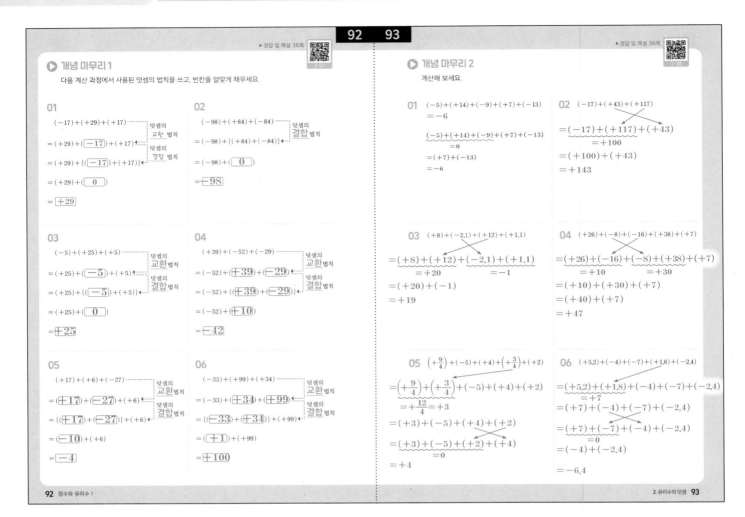

▶ 정답 및 해설 36쪽

▶ 개념 마무리 1

다음 계산 과정에서 사용된 덧셈의 법칙을 쓰고, 빈칸을 알맞게 채우세요.

01

$(-17)+(+29)+(+17)$ ········· 덧셈의 교환 법칙

$=(+29)+(\boxed{-17})+(+17)$ ◀ 덧셈의 결합 법칙

$=(+29)+\{(\boxed{-17})+(+17)\}$

$=(+29)+(\boxed{0})$

$=\boxed{+29}$

02

$(-98)+(+84)+(-84)$ ········· 덧셈의 결합 법칙

$=(-98)+\{(+84)+(-84)\}$

$=(-98)+(\boxed{0})$

$=\boxed{-98}$

03

$(-5)+(+25)+(+5)$ ········· 덧셈의 교환 법칙

$=(+25)+(\boxed{-5})+(+5)$ ◀ 덧셈의 결합 법칙

$=(+25)+\{(\boxed{-5})+(+5)\}$

$=(+25)+(\boxed{0})$

$=\boxed{+25}$

04

$(+39)+(-52)+(-29)$ ········· 덧셈의 교환 법칙

$=(-52)+(\boxed{+39})+(\boxed{-29})$ ◀ 덧셈의 결합 법칙

$=(-52)+\{(\boxed{+39})+(\boxed{-29})\}$

$=(-52)+(\boxed{+10})$

$=\boxed{-42}$

05

$(+17)+(+6)+(-27)$ ········· 덧셈의 교환 법칙

$=(\boxed{+17})+(\boxed{-27})+(+6)$ ◀ 덧셈의 결합 법칙

$=\{(\boxed{+17})+(\boxed{-27})\}+(+6)$

$=(\boxed{-10})+(+6)$

$=\boxed{-4}$

06

$(-33)+(+99)+(+34)$ ········· 덧셈의 교환 법칙

$=(-33)+(\boxed{+34})+(\boxed{+99})$ ◀ 덧셈의 결합 법칙

$=\{(\boxed{-33})+(\boxed{+34})\}+(+99)$

$=(\boxed{+1})+(+99)$

$=\boxed{+100}$

▶ 정답 및 해설 36쪽

▶ 개념 마무리 2

계산해 보세요.

01

$(-5)+(+14)+(-9)+(+7)+(-13)$
$=-6$

$\underbrace{(-5)+(+14)+(-9)}_{=0}+(+7)+(-13)$

$=(+7)+(-13)$

$=-6$

02

$(-17)+(+43)+(+117)$

$=(-17)+(+117)+(+43)$
$\underbrace{\qquad\qquad}_{=+100}$

$=(+100)+(+43)$

$=+143$

03

$(+8)+(-2.1)+(+12)+(+1.1)$

$=\underbrace{(+8)+(+12)}_{=+20}+\underbrace{(-2.1)+(+1.1)}_{=-1}$

$=(+20)+(-1)$

$=+19$

04

$(+26)+(-8)+(-16)+(+38)+(+7)$

$=\underbrace{(+26)+(-16)}_{=+10}+\underbrace{(-8)+(+38)}_{=+30}+(+7)$

$=(+10)+(+30)+(+7)$

$=(+40)+(+7)$

$=+47$

05

$\left(+\dfrac{9}{4}\right)+(-5)+(+4)+\left(+\dfrac{3}{4}\right)+(+2)$

$=\underbrace{\left(+\dfrac{9}{4}\right)+\left(+\dfrac{3}{4}\right)}_{=+\frac{12}{4}=+3}+(-5)+(+4)+(+2)$

$=(+3)+(-5)+(+4)+(+2)$

$=(+3)+\underbrace{(-5)+(+2)}_{=0}+(+4)$

$=+4$

06

$(+5.2)+(-4)+(-7)+(+1.8)+(-2.4)$

$=\underbrace{(+5.2)+(+1.8)}_{=+7}+(-4)+(-7)+(-2.4)$

$=(+7)+(-4)+(-7)+(-2.4)$

$=(+7)+\underbrace{(-7)+(-4)}_{=0}+(-2.4)$

$=(-4)+(-2.4)$

$=-6.4$

02

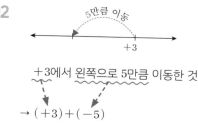

+3에서 왼쪽으로 5만큼 이동한 것

$\underbrace{}_{} \qquad \underbrace{}_{}$

→ $(+3)+(-5)$

답 ①

03

① $(+4)+(+1)=+(4+1)$
$\qquad\qquad\qquad =+5$

② $(-3)+(-4)=-(3+4)$
$\qquad\qquad\qquad =-7$

③ $(-2)+(-2)=-(2+2)$
$\qquad\qquad\qquad =-4$
$\qquad\qquad\qquad \neq 0$

④ $(+6)+(+4)=+(6+4)$
$\qquad\qquad\qquad =+10$

⑤ $\left(+\dfrac{1}{4}\right)+\left(+\dfrac{3}{4}\right)=+\left(\dfrac{1}{4}+\dfrac{3}{4}\right)$
$\qquad\qquad\qquad\qquad =+\dfrac{4}{4}$
$\qquad\qquad\qquad\qquad =+1$

답 ③

04

$\underbrace{(-4)}_{출발}+\Big(\boxed{}\Big)=\underbrace{-11}_{도착}$

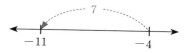

→ −4에서 왼쪽으로 7만큼 이동해야 −11이 됨
따라서, $(-4)+(-7)=-11$

답 −7

---

05 $\left(+\dfrac{11}{5}\right)+\left(-\dfrac{6}{5}\right)=+\left(\dfrac{11}{5}-\dfrac{6}{5}\right)$
$\qquad\qquad\qquad\qquad =+\dfrac{5}{5}$
$\qquad\qquad\qquad\qquad =+1$

답 +1

---

2. 유리수의 덧셈 · **단원 마무리**

94

01 다음 수를 수직선 위에 나타냈을 때, 0의 왼쪽에 있는 수는? ⑤
① 0.5 ② +2
③ $\dfrac{1}{2}$ ④ 10
✔ −1

음수

02 다음 그림에 알맞은 덧셈식은? ①

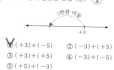

✔ $(+3)+(-5)$ ② $(-3)+(+5)$
③ $(+3)+(+5)$ ④ $(-3)+(-5)$
⑤ $(+5)+(-3)$

03 다음 중 옳지 않은 것은? ③
① $(+4)+(+1)=+5$
② $(-3)+(-4)=-7$
✔ $(-2)+(-2)=0$
④ $(+6)+(+4)=+10$
⑤ $\left(+\dfrac{1}{4}\right)+\left(+\dfrac{3}{4}\right)=+1$

04 빈칸에 알맞은 수를 쓰시오.

$(-4)+\left(\boxed{}\right)=-11$
$\qquad\quad -7$

05 다음을 계산하시오.

$\left(+\dfrac{11}{5}\right)+\left(-\dfrac{6}{5}\right)=+1$

06 ●이 −1, ◐이 +1을 나타낸다고 할 때, 다음 그림이 나타내는 수를 구하시오.

−4

---

06 검은 돌이 −1, 흰 돌이 +1을 나타냄

↓

검은 돌, 흰 돌을 하나씩 짝 지어서 지우기

→ 남은 것: 검은 돌 4개
나타내는 수: −4

답 −4

95쪽 풀이

07 −4와 더한 결과가 양수가 되려면,

−4에서 출발하여, 오른쪽으로 0을 지날 만큼 크게 가야 함

즉, −4와 0 사이의 거리보다 더 큰 수를 더하면 됨

~~−4의 절댓값 = |−4| = 4~~

→ 보기 중에서 4보다 큰 수는 +5, +6

답 ④, ⑤

---

08 ① 수 바로 앞에 있는 +, −는 ~~계산~~을 나타낸다. (×)
　　　　　　　　　　　　　　　부호

② 어떤 수에 양수를 더하면 결과는 항상 더 커진다. (○)
　→ 오른쪽으로 이동하는 것이므로
　　　　수는 더 커짐

③ 두 음수의 합은 ~~양수~~이다. (×)
　　　　　　　음수

　→ (음수)+(음수)
　　　~~~~→ 왼쪽으로 이동

④ 부호가 다른 두 수의 합은 두 수의 절댓값의 ~~합~~에 절댓값이
　큰 수의 부호를 붙여서 계산한다. (×)
　　　　　　　　　　　　　차

　→ 부호가 다른 두 수의 합 = 절댓값이 **큰 수**의 **부호**　절댓값의 **차**

⑤ (+3)+(−2)는 수직선 위의 +3에서 ~~오른쪽~~으로 2만큼
　이동한 수이다. (×)　　　　　　　　　왼쪽

답 ②

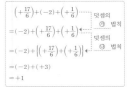

> ▶정답 및 해설 37~38쪽

07 다음 중 −4와 더한 결과가 양수인 것을 모두 고르면? ④, ⑤

① −1　　② +2　　③ +3
✓④ +5　　✓⑤ +6

08 다음 중 옳은 것은? ②
① 수 바로 앞에 있는 +, −는 계산을 나타낸다.
✓② 어떤 수에 양수를 더하면 결과는 항상 더 커진다.
③ 두 음수의 합은 양수이다.
④ 부호가 다른 두 수의 합은 두 수의 절댓값의 합에 절댓값이 큰 수의 부호를 붙여서 계산한다.
⑤ (+3)+(−2)는 수직선 위의 +3에서 오른쪽으로 2만큼 이동한 수이다.

09 다음 계산 과정에서 사용된 덧셈의 법칙을 구하려고 합니다. ㉮, ㉯에 들어갈 알맞은 말을 쓰시오.

$$\left(+\frac{17}{6}\right)+(-2)+\left(+\frac{1}{6}\right)$$
$$=(-2)+\left(+\frac{17}{6}\right)+\left(+\frac{1}{6}\right)$$
$$=(-2)+\left[\left(+\frac{17}{6}\right)+\left(+\frac{1}{6}\right)\right]$$
$$=(-2)+(+3)$$
$$=+1$$

㉮ 덧셈의 법칙
㉯ 덧셈의 법칙

㉮: 교환, ㉯: 결합

10 절댓값이 같고 부호가 다른 두 수의 합을 구하시오. 0

11 다음 중 옳은 것은? ③
①(−3)+(+4)=−1
②(+5)+(−10)=+5
✓③(−24)+(+30)=+6
④(−8)+(+7)=+1
⑤(+20)+(−29)=+9

---

10 부호가 다른 두 수의 합 = 절댓값이 **큰 수**의 **부호**　절댓값의 **차**

그런데, 두 수의 절댓값이 같다면 이 부분이 **0**이 됨
따라서, 부호에 상관없이 계산 결과는 0이 됨

답 0

---

11 ①(−3)+(+4)=+(4−3)
　　　　　　　　　=+1≠−1

②(+5)+(−10)=−(10−5)
　　　　　　　　　=−5≠+5

③(−24)+(+30)=+(30−24)
　　　　　　　　　=+6

④(−8)+(+7)=−(8−7)
　　　　　　　　=−1≠+1

⑤(+20)+(−29)=−(29−20)
　　　　　　　　　=−9≠+9

답 ③

12 검은 돌은 -1, 흰 돌은 $+1$을 나타냄

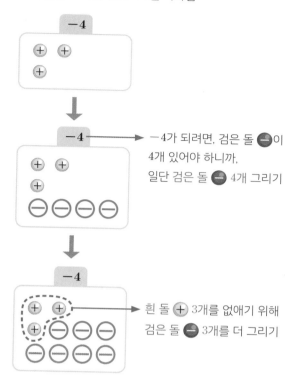

-4가 되려면, 검은 돌 ⊖이
4개 있어야 하니까,
일단 검은 돌 ⊖ 4개 그리기

흰 돌 ⊕ 3개를 없애기 위해
검은 돌 ⊖ 3개를 더 그리기

→ 모두 합해, 검은 돌 7개를 그려야 함

답 검은 돌 7개

13 ㉠ $(-2)+(-3)=-(2+3)$
$\qquad\qquad\quad =-5$

㉡ $(+12)+(-19)=-(19-12)$
$\qquad\qquad\qquad\quad =-7$

㉢ $(-7)+(+1)=-(7-1)$
$\qquad\qquad\qquad =-6$

㉣ $(+6)+(-4)=+(6-4)$
$\qquad\qquad\qquad =+2$

$\qquad → -7 < -6 < -5 < +2$

답 ㉡, ㉢, ㉠, ㉣

14

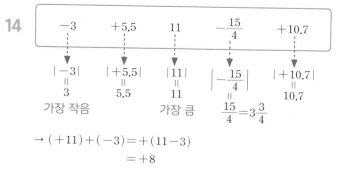

| -3 | $+5.5$ | 11 | $-\dfrac{15}{4}$ | $+10.7$ |

$|-3|$ $|+5.5|$ $|11|$ $\left|-\dfrac{15}{4}\right|$ $|+10.7|$
$\;=\;$ $=$ $=$ $=$ $=$
$\;3$ 5.5 11 $\dfrac{15}{4}=3\dfrac{3}{4}$ 10.7

가장 작음   가장 큼

$→ (+11)+(-3)=+(11-3)$
$\qquad\qquad\qquad\quad =+8$

답 $+8$

단원 마무리

12 ●이 -1, ○이 $+1$을 나타낸다고 할 때, 주어진 수가 되도록 바둑돌을 그리려고 합니다. 어떤 색깔의 바둑돌을 적어도 몇 개 그려야 하는지 쓰시오.

검은 돌 7개

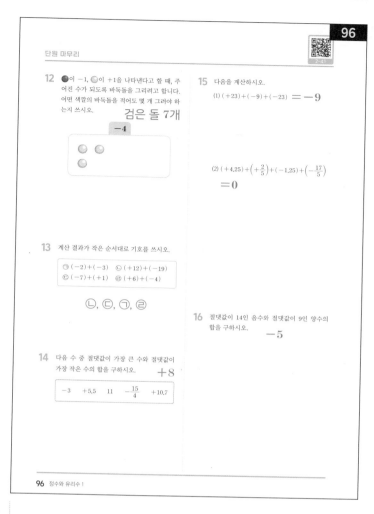

13 계산 결과가 작은 순서대로 기호를 쓰시오.

㉠ $(-2)+(-3)$ ㉡ $(+12)+(-19)$
㉢ $(-7)+(+1)$ ㉣ $(+6)+(-4)$

㉡, ㉢, ㉠, ㉣

14 다음 수 중 절댓값이 가장 큰 수와 절댓값이 가장 작은 수의 합을 구하시오. $+8$

| -3 | $+5.5$ | 11 | $-\dfrac{15}{4}$ | $+10.7$ |

15 다음을 계산하시오.
(1) $(+23)+(-9)+(-23)=-9$

(2) $(+4.25)+\left(+\dfrac{2}{5}\right)+(-1.25)+\left(-\dfrac{17}{5}\right)$
$\qquad =0$

16 절댓값이 14인 음수와 절댓값이 9인 양수의 합을 구하시오. -5

96 정수와 유리수 1

15 (1) $(+23)+(-9)+(-23)$

$\quad = \underline{(+23)+(-23)}+(-9)$
$\qquad\quad\;\; =0$

$\quad = -9$

답 -9

(2) $(+4.25)+\left(+\dfrac{2}{5}\right)+(-1.25)+\left(-\dfrac{17}{5}\right)$

$\quad = \underline{(+4.25)+(-1.25)}+\underline{\left(+\dfrac{2}{5}\right)+\left(-\dfrac{17}{5}\right)}$
$\qquad\quad\;\; =+3 \qquad\qquad\qquad =-\dfrac{15}{5}=-3$

$\quad = (+3)+(-3)$
$\quad = 0$

답 0

---

16 절댓값이 14인 음수와 절댓값이 9인 양수의 합은?
$\qquad\quad -14 \qquad\qquad\quad +9$

$→ (-14)+(+9)=-(14-9)$
$\qquad\qquad\qquad\quad =-5$

답 -5

97쪽 풀이

17

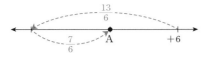

$+6$에서 $\dfrac{13}{6}$만큼 왼쪽으로 갔다가 ⟶ $(+6)+\left(-\dfrac{13}{6}\right)$

$\dfrac{7}{6}$만큼 오른쪽으로 감 ⟶ $+\left(+\dfrac{7}{6}\right)$

$\to (+6)+\left(-\dfrac{13}{6}\right)+\left(+\dfrac{7}{6}\right)$

$\underset{=-\frac{6}{6}=-1}{\underbrace{}}$

$=(+6)+(-1)$

$=+5$

답 $+5$

18 두 수의 합이 -2인 카드를 찾기

$\to \left(\boxed{-\dfrac{1}{3}}\right)+\left(\boxed{-\dfrac{5}{3}}\right)=-\dfrac{6}{3}$

$=-2$

답 $-\dfrac{1}{3}, -\dfrac{5}{3}$

19 $\left(+\dfrac{1}{5}\right)+\left(-\dfrac{2}{5}\right)+\left(+\dfrac{3}{5}\right)+\left(-\dfrac{4}{5}\right)+\left(+\dfrac{5}{5}\right)+\left(-\dfrac{6}{5}\right)$

---- 합이 0 ----

$=\left(-\dfrac{2}{5}\right)+\left(+\dfrac{5}{5}\right)+\left(-\dfrac{6}{5}\right)$

$=\left(-\dfrac{2}{5}\right)+\left(-\dfrac{6}{5}\right)+\left(+\dfrac{5}{5}\right)$

$=\left(-\dfrac{8}{5}\right)+\left(+\dfrac{5}{5}\right)$

$=-\dfrac{3}{5}$

답 $-\dfrac{3}{5}$

▶ 정답 및 해설 39~41쪽

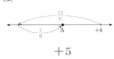

17 다음 수직선에서 점 A에 대응하는 수를 구하시오.

$+5$

18 다음 6장의 수 카드 중에서 2장을 뽑을 때, 뽑은 두 수의 합이 -2인 카드에 ○표 하시오.

19 다음을 계산하시오.

$\left(+\dfrac{1}{5}\right)+\left(-\dfrac{2}{5}\right)+\left(+\dfrac{3}{5}\right)+\left(-\dfrac{4}{5}\right)+\left(+\dfrac{5}{5}\right)+\left(-\dfrac{6}{5}\right)$

$=-\dfrac{3}{5}$

20 다음 표에서 가로, 세로, 대각선에 있는 세 수의 합이 모두 같을 때, ㉠, ㉡, ㉢에 알맞은 수를 각각 구하시오.

㉠	-5	$+2$
$+1$	-1	㉡
-4	$+3$	㉢

㉠: 0, ㉡: -3, ㉢: -2

97쪽 풀이

20 가로, 세로, 대각선에 있는 세 수의 합이 모두 같으므로,
완성되어 있는 줄을 찾아서 합을 구하기

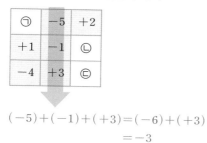

$$(-5)+(-1)+(+3)=(-6)+(+3)$$
$$=-3$$

→ 어떤 줄이든 합이 -3이 되어야 함

⊙ 구하기

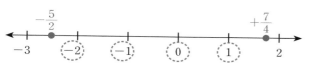

$$⊙+(-5)+(+2)=-3$$
$$⊙+(-3)=-3$$
$$⊙=0$$

ⓒ 구하기

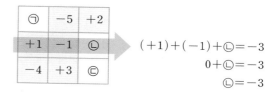

$$(+1)+(-1)+ⓒ=-3$$
$$0+ⓒ=-3$$
$$ⓒ=-3$$

ⓒ 구하기

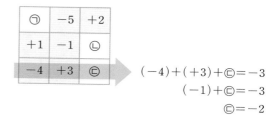

$$(-4)+(+3)+ⓒ=-3$$
$$(-1)+ⓒ=-3$$
$$ⓒ=-2$$

답 ⊙: 0, ⓒ: -3, ⓒ: -2

98쪽 풀이

21 $-\dfrac{5}{2}\left(=-2\dfrac{1}{2}\right)$와 $+\dfrac{7}{4}\left(=+1\dfrac{3}{4}\right)$을 수직선에 나타내면,

따라서, $-\dfrac{5}{2}$와 $+\dfrac{7}{4}$ 사이에 있는 정수는 $-2, -1, 0, 1$

이 수들의 합을 구하면,
$$→ (-2)+(-1)+0+(+1)$$
$$=(-2)+\underbrace{(-1)+(+1)}_{0}$$
$$=(-2)+0$$
$$=-2$$

답 -2

22 절댓값이 6인 정수: $+6$ 또는 -6
절댓값이 9인 정수: $+9$ 또는 -9

더하는 두 수가 작을수록 그 합도 작아지므로,
$+6, -6$ 중에서 더 작은 -6과
$+9, -9$ 중에서 더 작은 -9를 더하면 됨

$$→ (-6)+(-9)=-15$$

답 -15

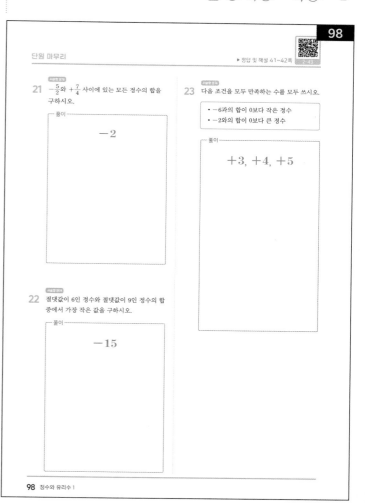

98쪽 풀이

23 • −6과의 합이 0보다 작은 정수

   $(-6)+(+6)=0$이므로, −6에 **+6보다 작은 수를 더하면**
   합이 음수가 됨

   → 조건에 알맞은 정수는
      $+5, +4, +3, +2, +1, 0, -1, -2, -3, \cdots$

   • −2와의 합이 0보다 큰 정수

   $(-2)+(+2)=0$이므로, −2에 **+2보다 큰 수를 더하면**
   합이 양수가 됨

   → 조건에 알맞은 정수는 $+3, +4, +5, +6, \cdots$

→ 따라서, 두 조건을 모두 만족하는 수는 $+3, +4, +5$

目 $+3, +4, +5$

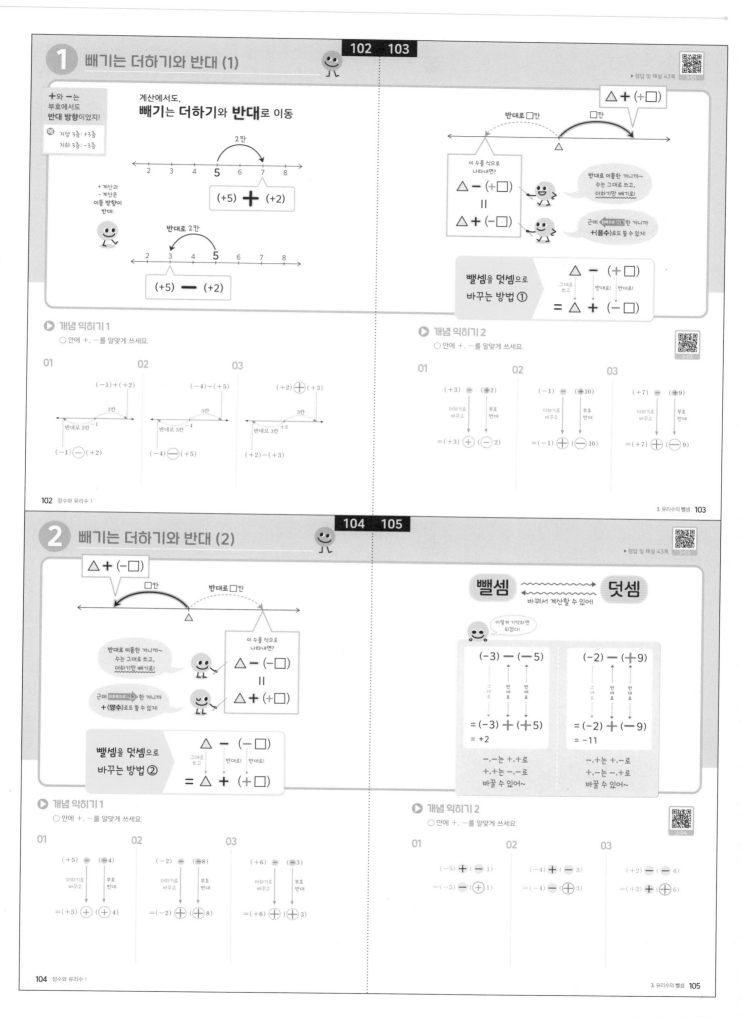

1 빼기는 더하기와 반대 (1)

＋와 ﹣는
부호에서도
반대 방향이었지!

예 지상 3층: +3층
지하 3층: -3층

＋ 계산과
- 계산은
이동 방향이
반대!

계산에서도,
빼기는 **더하기**와 **반대**로 이동

2칸

$(+5) \mathbf{+} (+2)$

반대로 2칸

$(+5) \mathbf{—} (+2)$

$\triangle + (+\square)$

반대로 □칸

□칸

이 수를 식으로
나타내면?

$\triangle - (+\square)$
$=$
$\triangle + (-\square)$

반대로 이동한 거니까~
수는 그대로 쓰고,
더하기만 빼기로!

근데 왼쪽으로 이동 한 거니까
+(음수)로도 쓸 수 있지!

빼셈을 덧셈으로
바꾸는 방법 ①

$\triangle - (+\square)$
그대로 쓰고　반대로!　반대로!
$= \triangle + (-\square)$

▷ 개념 익히기 1

○ 안에 +, -를 알맞게 쓰세요.

01

$(-1)+(+2)$

2칸

반대로 2칸

$(-1) \bigcirc (+2)$

02

$(-4)+(+5)$

5칸

반대로 5칸

$(-4) \bigcirc (+5)$

03

$(+2) \bigoplus (+3)$

3칸

반대로 3칸

$(+2)-(+3)$

▷ 개념 익히기 2

○ 안에 +, -를 알맞게 쓰세요.

01

$(+3) \bigodot (+2)$

더하기로
바꾸고　　부호
　　　　　반대

$=(+3) \bigoplus (\bigodot 2)$

02

$(-1) \bigodot (+10)$

더하기로
바꾸고　　부호
　　　　　반대

$=(-1) \bigoplus (\bigodot 10)$

03

$(+7) \bigodot (+9)$

더하기로
바꾸고　　부호
　　　　　반대

$=(+7) \bigoplus (\bigodot 9)$

---

2 빼기는 더하기와 반대 (2)

$\triangle + (-\square)$

□칸

반대로 □칸

반대로 이동한 거니까~
수는 그대로 쓰고,
더하기만 빼기로!

근데 오른쪽으로 이동 한 거니까
+(양수)로도 쓸 수 있지!

이 수를 식으로
나타내면?

$\triangle - (-\square)$
$=$
$\triangle + (+\square)$

빼셈을 덧셈으로
바꾸는 방법 ②

$\triangle - (-\square)$
그대로
쓰고　　반대로!　반대로!
$= \triangle + (+\square)$

뺄셈 ⟷ **덧셈**
바꿔서 계산할 수 있어!

이렇게 기억하면
되겠다!

$(-3) - (-5)$

그대로　반대로　반대로

$= (-3) + (+5)$
$= +2$

﹣,﹣는 ＋,＋로
＋,＋는 ﹣,﹣로
바꿀 수 있어~

$(-2) - (+9)$

그대로　반대로　반대로

$= (-2) + (-9)$
$= -11$

﹣,＋는 ＋,﹣로
＋,﹣는 ﹣,＋로
바꿀 수 있어~

▷ 개념 익히기 1

○ 안에 +, -를 알맞게 쓰세요.

01

$(+5) \bigodot (\bigodot 4)$

더하기로
바꾸고　　부호
　　　　　반대

$=(+5) \bigoplus (\bigoplus 4)$

02

$(-2) \bigodot (\bigodot 8)$

더하기로
바꾸고　　부호
　　　　　반대

$=(-2) \bigoplus (\bigoplus 8)$

03

$(+6) \bigodot (\bigodot 3)$

더하기로
바꾸고　　부호
　　　　　반대

$=(+6) \bigoplus (\bigoplus 3)$

▷ 개념 익히기 2

○ 안에 +, -를 알맞게 쓰세요.

01

$(-5) \bigoplus (-1)$

$=(-5) - (\bigoplus 1)$

02

$(-4) \bigoplus (-3)$

$=(-4) - (\bigoplus 3)$

03

$(+2) \bigodot (-6)$

$=(+2) \bigoplus (\bigoplus 6)$

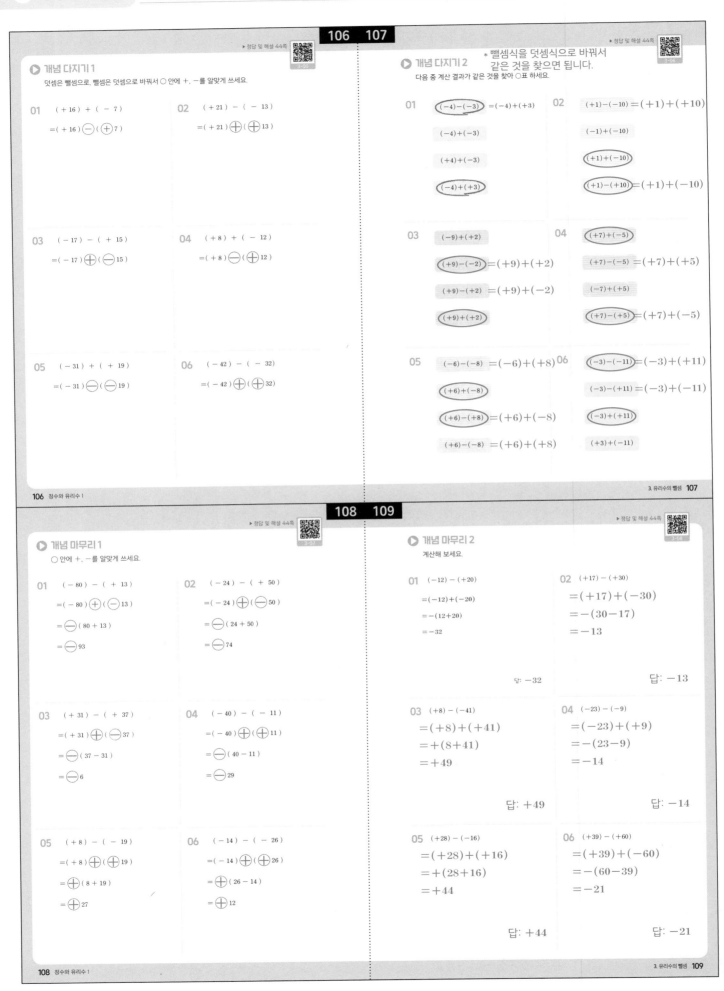

▶ 정답 및 해설 44쪽

개념 다지기 1

덧셈은 뺄셈으로, 뺄셈은 덧셈으로 바꿔서 ○ 안에 +, − 를 알맞게 쓰세요.

01　$(+16) + (−7)$
$=(+16) ⊖ (⊕7)$

02　$(+21) − (−13)$
$=(+21) ⊕ (⊕13)$

03　$(−17) − (+15)$
$=(−17) ⊕ (⊖15)$

04　$(+8) + (−12)$
$=(+8) ⊖ (⊕12)$

05　$(−31) + (+19)$
$=(−31) ⊖ (⊖19)$

06　$(−42) − (−32)$
$=(−42) ⊕ (⊕32)$

개념 다지기 2

＊ 뺄셈식을 덧셈식으로 바꿔서 같은 것을 찾으면 됩니다.

다음 중 계산 결과가 같은 것을 찾아 ○표 하세요.

01　$(−4)−(−3) =(−4)+(+3)$
　　$(−4)+(−3)$
　　$(+4)+(−3)$
　　$(−4)+(+3)$ ○

02　$(+1)−(−10)=(+1)+(+10)$
　　$(−1)+(−10)$
　　$(+1)+(−10)$ ○
　　$(+1)−(+10)=(+1)+(−10)$ ○

03　$(−9)+(+2)$
　　$(+9)−(−2)=(+9)+(+2)$ ○
　　$(+9)−(+2)=(+9)+(−2)$
　　$(+9)+(+2)$ ○

04　$(+7)+(−5)$ ○
　　$(+7)−(−5) =(+7)+(+5)$
　　$(−7)+(+5)$
　　$(+7)−(+5) =(+7)+(−5)$ ○

05　$(−6)−(−8) =(−6)+(+8)$
　　$(+6)+(−8)$ ○
　　$(+6)−(+8)=(+6)+(−8)$ ○
　　$(+6)−(−8) =(+6)+(+8)$

06　$(−3)−(−11) =(−3)+(+11)$ ○
　　$(−3)−(+11) =(−3)+(−11)$
　　$(−3)+(+11)$ ○
　　$(+3)+(−11)$

▶ 정답 및 해설 44쪽

개념 마무리 1

○ 안에 +, − 를 알맞게 쓰세요.

01　$(−80) − (+13)$
$=(−80) ⊕ (⊖13)$
$=⊖(80+13)$
$=⊖93$

02　$(−24) − (+50)$
$=(−24) ⊕ (⊖50)$
$=⊖(24+50)$
$=⊖74$

03　$(+31) − (+37)$
$=(+31) ⊕ (⊖37)$
$=⊖(37−31)$
$=⊖6$

04　$(−40) − (−11)$
$=(−40) ⊕ (⊕11)$
$=⊖(40−11)$
$=⊖29$

05　$(+8) − (−19)$
$=(+8) ⊕ (⊕19)$
$=⊕(8+19)$
$=⊕27$

06　$(−14) − (−26)$
$=(−14) ⊕ (⊕26)$
$=⊕(26−14)$
$=⊕12$

개념 마무리 2

계산해 보세요.

01　$(−12) − (+20)$
$=(−12)+(−20)$
$=−(12+20)$
$=−32$

답: $−32$

02　$(+17) − (+30)$
$=(+17)+(−30)$
$=−(30−17)$
$=−13$

답: $−13$

03　$(+8) − (−41)$
$=(+8)+(+41)$
$=+(8+41)$
$=+49$

답: $+49$

04　$(−23) − (−9)$
$=(−23)+(+9)$
$=−(23−9)$
$=−14$

답: $−14$

05　$(+28) − (−16)$
$=(+28)+(+16)$
$=+(28+16)$
$=+44$

답: $+44$

06　$(+39) − (+60)$
$=(+39)+(−60)$
$=−(60−39)$
$=−21$

답: $−21$

3 바둑돌로 빼기

▶ 정답 및 해설 45쪽

똑같은 것을 빼면 0

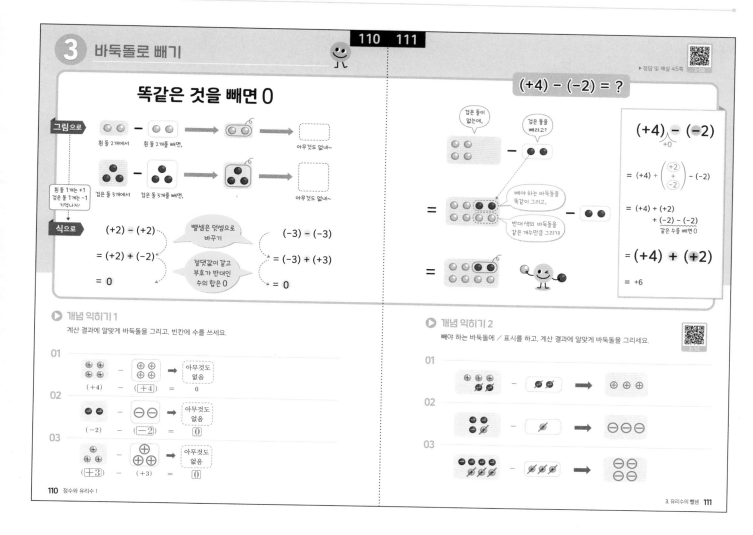

그림으로

흰 돌 2개에서 | 흰 돌 2개를 빼면, | | 아무것도 없네~

흰 돌 1개는 +1
검은 돌 1개는 −1
기억나지!

검은 돌 3개에서 | 검은 돌 3개를 빼면, | | 아무것도 없네~

식으로

$(+2) - (+2)$

$= (+2) + (-2)$

$= 0$

뺄셈은 덧셈으로 바꾸기

절댓값이 같고 부호가 반대인 수의 합은 0

$(-3) - (-3)$

$= (-3) + (+3)$

$= 0$

$(+4) - (-2) = ?$

검은 돌이 없는데, | 검은 돌을 빼라고?

빼야 하는 바둑돌을 똑같이 그리고,

반대 색의 바둑돌을 같은 개수만큼 그리기!

$(+4) - (-2)$

$= (+4) + \left(\begin{matrix} (+2) \\ + \\ (-2) \end{matrix} \right) - (-2)$

$= (+4) + (+2)$
$\underbrace{+ (-2) - (-2)}_{\text{같은 수를 빼면 0}}$

$= (+4) + (+2)$

$= +6$

▶ 개념 익히기 1

계산 결과에 알맞게 바둑돌을 그리고, 빈칸에 수를 쓰세요.

01
⊕⊕ − ⊕⊕ ➡ 아무것도 없음
⊕⊕   ⊕⊕
$(+4) - (\boxed{+4}) = 0$

02
⊖⊖ − ⊖⊖ ➡ 아무것도 없음
$(-2) - (\boxed{-2}) = \boxed{0}$

03
⊕ − ⊕ ➡ 아무것도 없음
⊕⊕   ⊕⊕
$(\boxed{+3}) - (+3) = \boxed{0}$

▶ 개념 익히기 2

빼야 하는 바둑돌에 / 표시를 하고, 계산 결과에 알맞게 바둑돌을 그리세요.

01
⊕⊕⊕ − ⊕⊕ ➡ ⊕⊕⊕

02
⊖⊖ − ⊖ ➡ ⊖⊖⊖

03
⊖⊖⊖ − ⊖⊖⊖ ➡ ⊖⊖
                    ⊖⊖

112쪽 풀이

01 ① 빼야 하는 바둑돌을 똑같이 그리고,

② 반대 색의 바둑돌을 같은 개수만큼 그리기

02 ① 빼야 하는 바둑돌을 똑같이 그리고,

② 반대 색의 바둑돌을 같은 개수만큼 그리기

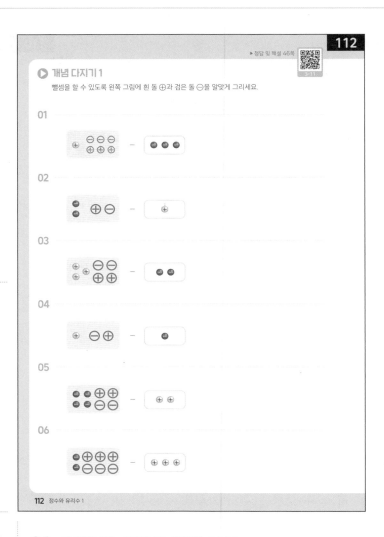

03 ① 빼야 하는 바둑돌을 똑같이 그리고,

② 반대 색의 바둑돌을 같은 개수만큼 그리기

04 ① 빼야 하는 바둑돌을 똑같이 그리고,

② 반대 색의 바둑돌을 같은 개수만큼 그리기

05 ① 빼야 하는 바둑돌을 똑같이 그리고,

② 반대 색의 바둑돌을 같은 개수만큼 그리기

06 ① 빼야 하는 바둑돌을 똑같이 그리고,

② 반대 색의 바둑돌을 같은 개수만큼 그리기

▶ 개념 다지기 2

뺄셈을 할 수 있도록 흰 돌 ⊕과 검은 돌 ⊖을 알맞게 그리고, 계산 결과를 쓰세요.

01

계산
결과 ➡ __흰__ 돌 __3__ 개

02

계산
결과 ➡ __흰__ 돌 __4__ 개

03

계산
결과 ➡ __검은__ 돌 __6__ 개

04

계산
결과 ➡ __흰__ 돌 __4__ 개

05

계산
결과 ➡ __검은__ 돌 __6__ 개

06

계산
결과 ➡ __흰__ 돌 __7__ 개

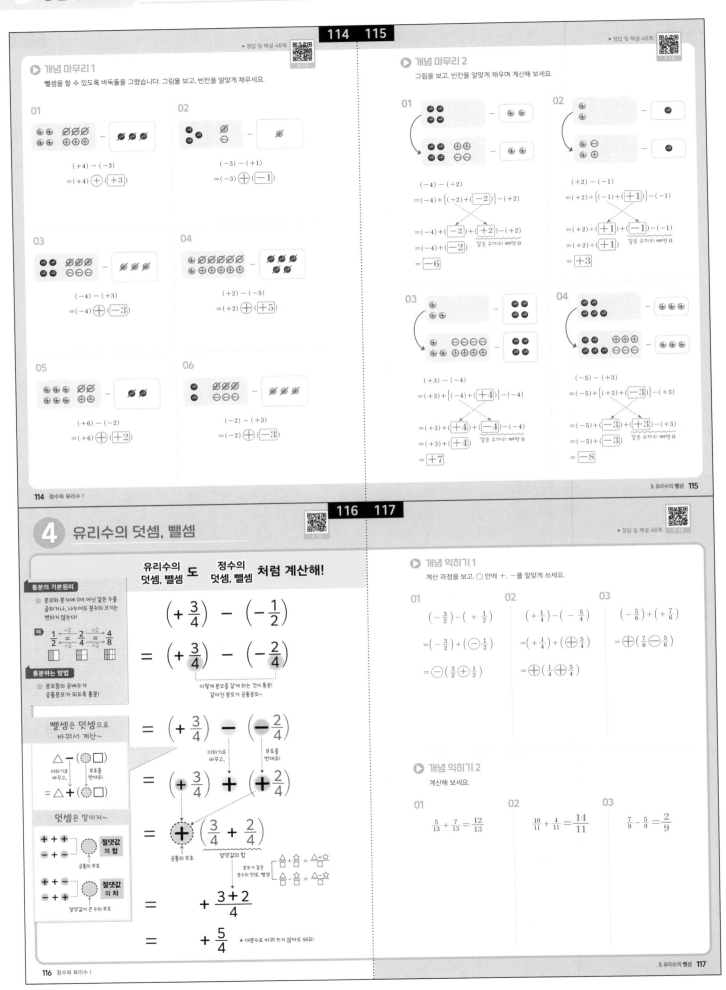

▶ 정답 및 해설 48쪽

개념 마무리 1

뺄셈을 할 수 있도록 바둑돌을 그렸습니다. 그림을 보고, 빈칸을 알맞게 채우세요.

01

$(+4) - (-3)$
$= (+4) \boxed{+} (\boxed{+3})$

02

$(-3) - (+1)$
$= (-3) \boxed{+} (\boxed{-1})$

03

$(-4) - (+3)$
$= (-4) \boxed{+} (\boxed{-3})$

04

$(+2) - (-5)$
$= (+2) \boxed{+} (\boxed{+5})$

05

$(+6) - (-2)$
$= (+6) \boxed{+} (\boxed{+2})$

06

$(-2) - (+3)$
$= (-2) \boxed{+} (\boxed{-3})$

개념 마무리 2

그림을 보고, 빈칸을 알맞게 채우며 계산해 보세요.

01

$(-4) - (+2)$
$= (-4) + \{(+2) + (\boxed{-2})\} - (+2)$
$= (-4) + (\boxed{-2}) + (\boxed{+2}) - (+2)$ 같은 수끼리 빼면 0
$= (-4) + (\boxed{-2})$
$= \boxed{-6}$

02

$(+2) - (-1)$
$= (+2) + \{(-1) + (\boxed{+1})\} - (-1)$
$= (+2) + (\boxed{+1}) + (\boxed{-1}) - (-1)$ 같은 수끼리 빼면 0
$= (+2) + (\boxed{+1})$
$= \boxed{+3}$

03

$(+3) - (-4)$
$= (+3) + \{(-4) + (\boxed{+4})\} - (-4)$
$= (+3) + (\boxed{+4}) + (\boxed{-4}) - (-4)$ 같은 수끼리 빼면 0
$= (+3) + (\boxed{+4})$
$= \boxed{+7}$

04

$(-5) - (+3)$
$= (-5) + \{(+3) + (\boxed{-3})\} - (+3)$
$= (-5) + (\boxed{-3}) + (\boxed{+3}) - (+3)$ 같은 수끼리 빼면 0
$= (-5) + (\boxed{-3})$
$= \boxed{-8}$

---

4 유리수의 덧셈, 뺄셈

▶ 정답 및 해설 48쪽

유리수의 덧셈, 뺄셈 도 정수의 덧셈, 뺄셈 처럼 계산해!

통분의 기본원리

☆ 분모와 분자에 0이 아닌 같은 수를 곱하거나, 나누어도 분수의 크기는 변하지 않는다!

예) $\dfrac{1}{2} \overset{\times 2}{\underset{\div 2}{=}} \dfrac{2}{4} \overset{\times 2}{\underset{\times 2}{=}} \dfrac{4}{8}$

통분하는 방법

☆ 분모들의 공배수가 공통분모가 되도록 통분!

뺄셈은 덧셈으로 바꿔서 계산~

$\triangle - (\boxed{\square})$

더하기로 바꾸고, 부호를 반대로!

$= \triangle + (\boxed{\square})$

덧셈은 말이지~

+ + + → 절댓값의 합
− + − 　　공통의 부호

+ + − → 절댓값의 차
− + + 　　절댓값이 큰 수의 부호

$$\left(+\frac{3}{4}\right) - \left(-\frac{1}{2}\right)$$

$$= \left(+\frac{3}{4}\right) - \left(-\frac{2}{4}\right)$$

이렇게 분모를 같게 하는 건 이 통분! 같아진 분모가 공통분모~

$$= \left(+\frac{3}{4}\right) - \left(-\frac{2}{4}\right)$$

더하기로 바꾸고, 부호를 반대로!

$$= \left(+\frac{3}{4}\right) + \left(+\frac{2}{4}\right)$$

$$= + \left(\frac{3}{4} + \frac{2}{4}\right)$$

공통의 부호　절댓값의 합

분모가 같은 분수의 덧셈, 뺄셈 $\begin{bmatrix} \square + \Large\unicode{x2606} = \square + \Large\unicode{x2606} \\ \square - \Large\unicode{x2606} = \square - \Large\unicode{x2606} \end{bmatrix}$

$$= + \frac{3+2}{4}$$

$$= + \frac{5}{4}$$ ※ 대분수로 바꿔 쓰지 않아도 돼요!

개념 익히기 1

계산 과정을 보고, ○ 안에 +, −를 알맞게 쓰세요.

01

$\left(-\dfrac{3}{2}\right) - \left(+\dfrac{1}{2}\right)$
$= \left(-\dfrac{3}{2}\right) + \left(\boxed{-}\dfrac{1}{2}\right)$
$= \boxed{-} \left(\dfrac{3}{2} \boxed{+} \dfrac{1}{2}\right)$

02

$\left(+\dfrac{1}{4}\right) - \left(-\dfrac{5}{4}\right)$
$= \left(+\dfrac{1}{4}\right) + \left(\boxed{+}\dfrac{5}{4}\right)$
$= \boxed{+} \left(\dfrac{1}{4} \boxed{+} \dfrac{5}{4}\right)$

03

$\left(-\dfrac{5}{6}\right) + \left(+\dfrac{7}{6}\right)$
$= \boxed{+} \left(\dfrac{7}{6} \boxed{-} \dfrac{5}{6}\right)$

개념 익히기 2

계산해 보세요.

01

$\dfrac{5}{13} + \dfrac{7}{13} = \dfrac{12}{13}$

02

$\dfrac{10}{11} + \dfrac{4}{11} = \dfrac{14}{11}$

03

$\dfrac{7}{9} - \dfrac{5}{9} = \dfrac{2}{9}$

개념 다지기 1

▶ 정답 및 해설 49쪽

덧셈, 뺄셈을 할 수 있도록 두 분수의 분모를 주어진 수로 통분하세요.

01 분모를 10으로 통분

$$\left(+\frac{3}{5}, -\frac{1}{2}\right) \Rightarrow \left(+\frac{6}{10}, -\frac{5}{10}\right)$$

02 분모를 20으로 통분

$$\left(-\frac{1}{4}, -\frac{7}{10}\right) \Rightarrow \left(-\frac{5}{20}, -\frac{14}{20}\right)$$

03 분모를 16으로 통분

$$\left(+\frac{9}{16}, +\frac{3}{4}\right) \Rightarrow \left(+\frac{9}{16}, +\frac{12}{16}\right)$$

04 분모를 50으로 통분

$$\left(-\frac{1}{10}, +\frac{1}{25}\right) \Rightarrow \left(-\frac{5}{50}, +\frac{2}{50}\right)$$

05 분모의 최소공배수로 통분

$$\left(-\frac{7}{6}, -\frac{2}{9}\right) \Rightarrow \left(-\frac{21}{18}, -\frac{4}{18}\right)$$

$$\begin{array}{c|cc} 3) & 6 & 9 \\ \hline & 2 & 3 \end{array}$$

→ 최소공배수: $3 \times 2 \times 3 = 18$

06 분모의 최소공배수로 통분

$$\left(+\frac{1}{12}, -\frac{3}{8}\right) \Rightarrow \left(+\frac{2}{24}, -\frac{9}{24}\right)$$

$$\begin{array}{c|cc} 4) & 12 & 8 \\ \hline & 3 & 2 \end{array}$$

→ 최소공배수: $4 \times 3 \times 2 = 24$

118 정수와 유리수 1

개념 다지기 2

▶ 정답 및 해설 49쪽

두 수의 절댓값의 크기를 비교하여 ○ 안에 >, <를 알맞게 쓰고, 물음에 답하세요.

01 $\left(+\frac{5}{6}\right)+\left(-\frac{6}{7}\right)$을 계산했을 때, 부호는?

$$\left|+\frac{5}{6}\right| \boxed{<} \left|-\frac{6}{7}\right|$$
$$\frac{5}{6} \qquad \frac{6}{7}$$
$$\frac{35}{42} \qquad \frac{36}{42}$$

답: −

02 $\left(-\frac{7}{9}\right)+\left(+\frac{2}{3}\right)$를 계산했을 때, 부호는?

$$\left|-\frac{7}{9}\right| \boxed{>} \left|+\frac{2}{3}\right|$$
$$\frac{7}{9} \qquad \frac{2}{3}$$
$$\qquad \frac{6}{9}$$

답: −

03 $\left(+\frac{2}{15}\right)+\left(-\frac{3}{10}\right)$을 계산했을 때, 부호는?

$$\left|+\frac{2}{15}\right| \boxed{<} \left|-\frac{3}{10}\right|$$
$$\frac{2}{15} \qquad \frac{3}{10}$$
$$\frac{4}{30} \qquad \frac{9}{30}$$

$$\begin{array}{c|cc} 5) & 15 & 10 \\ \hline & 3 & 2 \end{array}$$
→ 최소공배수: $5 \times 3 \times 2 = 30$

답: −

04 $\left(+\frac{2}{7}\right)+\left(-\frac{1}{5}\right)$을 계산했을 때, 부호는?

$$\left|+\frac{2}{7}\right| \boxed{>} \left|-\frac{1}{5}\right|$$
$$\frac{2}{7} \qquad \frac{1}{5}$$
$$\frac{10}{35} \qquad \frac{7}{35}$$

답: +

05 $\left(-\frac{97}{100}\right)+\left(+\frac{24}{25}\right)$를 계산했을 때, 부호는?

$$\left|-\frac{97}{100}\right| \boxed{>} \left|+\frac{24}{25}\right|$$
$$\frac{97}{100} \qquad \frac{24}{25}$$
$$\frac{96}{100}$$

답: −

06 $\left(-\frac{2}{3}\right)+\left(+\frac{3}{4}\right)$을 계산했을 때, 부호는?

$$\left|-\frac{2}{3}\right| \boxed{<} \left|+\frac{3}{4}\right|$$
$$\frac{2}{3} \qquad \frac{3}{4}$$
$$\frac{8}{12} \qquad \frac{9}{12}$$

답: +

3. 유리수의 뺄셈 119

개념 마무리 1

▶ 정답 및 해설 49쪽

계산 과정에 따라 빈칸을 알맞게 채우세요.

01 $\left(-\frac{7}{12}\right)+\left(+\frac{2}{3}\right)$ 　통분

$$=\left(\boxed{-\frac{7}{12}}\right)+\left(\boxed{+\frac{8}{12}}\right)$$

절댓값이 큰 수 부호 ⊕ $\left(\boxed{\frac{8}{12}}-\frac{7}{12}\right)$ 절댓값의 차

$$=\boxed{+\frac{1}{12}}$$

02 $\left(-\frac{8}{3}\right)+\left(-\frac{4}{9}\right)$ 　통분

$$=\left(\boxed{-\frac{24}{9}}\right)+\left(\boxed{-\frac{4}{9}}\right)$$

공통 부호 ⊖ $\left(\boxed{\frac{24}{9}}+\frac{4}{9}\right)$ 절댓값의 합

$$=\boxed{-\frac{28}{9}}$$

03 $\left(+\frac{1}{8}\right)+\left(-\frac{5}{4}\right)$ 　통분

$$=\left(\boxed{+\frac{1}{8}}\right)+\left(\boxed{-\frac{10}{8}}\right)$$

절댓값이 큰 수 부호 ⊖ $\left(\boxed{\frac{10}{8}}-\frac{1}{8}\right)$ 절댓값의 차

$$=\boxed{-\frac{9}{8}}$$

04 $\left(+\frac{3}{2}\right)-\left(-\frac{6}{7}\right)$ 　통분

$$=\left(\boxed{+\frac{21}{14}}\right)-\left(\boxed{-\frac{12}{14}}\right)$$ 뺄셈은 덧셈으로

$$=\left(\boxed{+\frac{21}{14}}\right)+\left(\boxed{+\frac{12}{14}}\right)$$

공통 부호 ⊕ $\left(\boxed{\frac{21}{14}}+\frac{12}{14}\right)$ 절댓값의 합

$$=\boxed{+\frac{33}{14}}$$

05 $\left(+\frac{3}{10}\right)-\left(+\frac{2}{5}\right)$ 　통분

$$=\left(\boxed{+\frac{3}{10}}\right)-\left(\boxed{+\frac{4}{10}}\right)$$ 뺄셈은 덧셈으로

$$=\left(\boxed{+\frac{3}{10}}\right)+\left(\boxed{-\frac{4}{10}}\right)$$

⊖ $\left(\boxed{\frac{4}{10}}-\frac{3}{10}\right)$

$$=\boxed{-\frac{1}{10}}$$

06 $\left(-\frac{1}{6}\right)-\left(+\frac{4}{15}\right)$ 　통분

$$=\left(\boxed{-\frac{5}{30}}\right)-\left(\boxed{+\frac{8}{30}}\right)$$ 뺄셈은 덧셈으로

$$=\left(\boxed{-\frac{5}{30}}\right)+\left(\boxed{-\frac{8}{30}}\right)$$

⊖ $\left(\boxed{\frac{5}{30}}+\frac{8}{30}\right)$

$$=\boxed{-\frac{13}{30}}$$

120 정수와 유리수 1

개념 마무리 2

▶ 정답 및 해설 49쪽

계산해 보세요.

01 $\left(+\frac{2}{15}\right)-\left(+\frac{1}{4}\right)$

$$=\left(+\frac{8}{60}\right)-\left(+\frac{15}{60}\right)$$
$$=\left(+\frac{8}{60}\right)+\left(-\frac{15}{60}\right)$$
$$=-\left(\frac{15}{60}-\frac{8}{60}\right)$$
$$=-\frac{7}{60}$$

답: $-\frac{7}{60}$

02 $\left(-\frac{3}{2}\right)+\left(-\frac{5}{7}\right)$

$$=\left(-\frac{21}{14}\right)+\left(-\frac{10}{14}\right)$$
$$=-\left(\frac{21}{14}+\frac{10}{14}\right)$$
$$=-\frac{31}{14}$$

답: $-\frac{31}{14}$

03 $\left(-\frac{7}{6}\right)+\left(+\frac{1}{11}\right)$

$$=\left(-\frac{77}{66}\right)+\left(+\frac{6}{66}\right)$$
$$=-\left(\frac{77}{66}-\frac{6}{66}\right)$$
$$=-\frac{71}{66}$$

답: $-\frac{71}{66}$

04 $\left(+\frac{10}{9}\right)-\left(+\frac{1}{3}\right)$

$$=\left(+\frac{10}{9}\right)-\left(+\frac{3}{9}\right)$$
$$=\left(+\frac{10}{9}\right)+\left(-\frac{3}{9}\right)$$
$$=+\left(\frac{10}{9}-\frac{3}{9}\right)$$
$$=+\frac{7}{9}$$

답: $+\frac{7}{9}$

05 $\left(-\frac{7}{5}\right)-\left(-\frac{1}{20}\right)$

$$=\left(-\frac{28}{20}\right)-\left(-\frac{1}{20}\right)$$
$$=\left(-\frac{28}{20}\right)+\left(+\frac{1}{20}\right)$$
$$=-\left(\frac{28}{20}-\frac{1}{20}\right)$$
$$=-\frac{27}{20}$$

답: $-\frac{27}{20}$

06 $\left(+\frac{11}{12}\right)-\left(-\frac{9}{8}\right)$

$$\begin{array}{c|cc} 4) & 12 & 8 \\ \hline & 3 & 2 \end{array}$$
→ 최소공배수: $4 \times 3 \times 2 = 24$

$$=\left(+\frac{22}{24}\right)-\left(-\frac{27}{24}\right)$$
$$=\left(+\frac{22}{24}\right)+\left(+\frac{27}{24}\right)$$
$$=+\left(\frac{22}{24}+\frac{27}{24}\right)$$
$$=+\frac{49}{24}$$

답: $+\frac{49}{24}$

3. 유리수의 뺄셈 121

정답 및 해설　**49**

122　123

5 분수와 소수의 덧셈, 뺄셈

▶ 정답 및 해설 50쪽

분수와 소수가 함께 있는 덧셈과 뺄셈

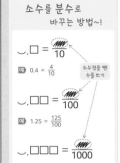

소수를 분수로
바꾸는 방법~!

$\smile.\square = \dfrac{\cancel{}}{10}$

예 $0.4 = \dfrac{4}{10}$

$\smile.\square\square = \dfrac{\cancel{}}{100}$

예 $1.25 = \dfrac{125}{100}$

$\smile.\square\square\square = \dfrac{\cancel{}}{1000}$

예 $23.119 = \dfrac{23119}{1000}$

방법1 소수를 ⟿ 분수로 바꿔서
계산하기

$$(+1.25) + \left(-\frac{1}{4}\right)$$
$$= \left(+\frac{125}{100}\right) + \left(-\frac{1}{4}\right)$$
$$= \left(+\frac{5}{4}\right) + \left(-\frac{1}{4}\right)$$
$$= +\left(\frac{5}{4} - \frac{1}{4}\right)$$
$$= +\frac{4}{4} = +1$$

이렇게 계산해도 돼~
$= \left(+\frac{125}{100}\right) + \left(-\frac{25}{100}\right)$
$= +\left(\frac{125}{100} - \frac{25}{100}\right)$
$= +\frac{100}{100}$
$= +1$

방법2 분수를 ⟿ 소수로 바꿔서
계산하기

$$(+1.25) + \left(-\frac{1}{4}\right)$$
$$= (+1.25) + \left(-\frac{25}{100}\right)$$
$$= (+1.25) + (-0.25)$$
$$= + (1.25 - 0.25)$$
$$= +1$$

소수의 덧셈, 뺄셈은
소수점을 기준으로
세로셈으로 쓰고
같은 자리끼리 계산

　1.25
－0.25
　1.00

분수를 소수로
바꾸는 방법~!

➡ 분모가 10, 100, 1000, …인 분수만
소수로 바꿀 수 있어!
자주 나오는 분수를 소수로 바꾸는
방법을 알려줄게~

$\dfrac{\square}{2} \overset{\times 5}{\underset{\times 5}{}} \dfrac{\square}{5} \overset{\times 2}{\underset{\times 2}{}} \Rightarrow \dfrac{\cancel{}}{10} = \smile.\square$

$\dfrac{\square}{4} \overset{\times 25}{\underset{\times 25}{}} \dfrac{\square}{25} \overset{\times 4}{\underset{\times 4}{}} \Rightarrow \dfrac{\cancel{}}{100} = \smile.\square\square$

$\dfrac{\square}{8} \overset{\times 125}{\underset{\times 125}{}} \Rightarrow \dfrac{\cancel{}}{1000} = \smile.\square\square\square$

▷ 개념 익히기 1

소수를 분수로 쓰세요.

01

$1.1 = \dfrac{\boxed{11}}{10}$

02

$0.91 = \dfrac{\boxed{}}{100}$　$\dfrac{91}{100}$

03

$2.043 = \dfrac{\boxed{}}{1000}$　$\dfrac{2043}{1000}$

▷ 개념 익히기 2

분수를 소수로 쓰는 과정입니다. 빈칸을 알맞게 채우세요.

01

$\dfrac{5}{8} \overset{\times\boxed{125}}{\underset{\times\,125}{}} = \dfrac{\boxed{625}}{1000} = \boxed{}$
0.625

02

$\dfrac{\cancel{3}^{1}}{\cancel{6}_{2}} = \dfrac{1}{2} \overset{\times 5}{\underset{\times 5}{}} = \dfrac{5}{10} = \boxed{}$
0.5

03

$\dfrac{7}{4} \overset{\times\boxed{}}{\underset{\times\,25}{}} = \dfrac{175}{100} = \boxed{}$
1.75

124　125

▷ 개념 다지기 1

▶ 정답 및 해설 50쪽

● 안의 수를 분수는 소수로, 소수는 분수로 바꿔 쓰세요. (단, 분수는 기약분수로 쓰세요.)

01 $\left(-\dfrac{15}{12}\right) + (+0.4)$

$\boxed{-1.25}$

$-\dfrac{\cancel{15}^{5}}{\cancel{12}_{4}} = -\dfrac{5 \times 25}{4 \times 25} = -\dfrac{125}{100}$
$= -1.25$

02 $(+3.7) - \left(-\dfrac{1}{8}\right)$

$\boxed{}0.125$

$-\dfrac{1}{8} \overset{\times 125}{\underset{\times 125}{}} = -\dfrac{125}{1000}$
$= -0.125$

03 $\left(-\dfrac{8}{3}\right) + (+1.2)$

$\boxed{+\dfrac{6}{5}}$

$+1.2 = +\dfrac{12}{10} = +\dfrac{6}{5}$

04 $(-0.35) - \left(+\dfrac{6}{7}\right)$

$\boxed{-\dfrac{7}{20}}$

$-0.35 = -\dfrac{35}{100} = -\dfrac{7}{20}$

05 $\left(+\dfrac{31}{25}\right) + (-9.03)$

$\boxed{+}1.24$

$+\dfrac{31 \times 4}{25 \times 4} = +\dfrac{124}{100}$
$= +1.24$

06 $\left(+\dfrac{11}{6}\right) - (-12.5)$

$\boxed{-\dfrac{25}{2}}$

$-12.5 = -\dfrac{125}{10} = -\dfrac{25}{2}$

▷ 개념 다지기 2

▶ 정답 및 해설 50쪽

덧셈식에서 두 수의 절댓값의 크기를 비교하여 ○ 안에 >, <를 알맞게 쓰세요.

01 $\left(-\dfrac{8}{5}\right) + (+1.2)$

$\left|-\dfrac{8}{5}\right| \bigcirc\!\!>\, |+1.2|$
$\dfrac{8}{5} \quad\quad 1.2$
$\parallel$
$\dfrac{16}{10}$
$\parallel$
1.6

02 $\left(-\dfrac{7}{2}\right) + (+3.1)$

$\left|-\dfrac{7}{2}\right| \bigcirc\!\!>\, |+3.1|$
$\dfrac{7}{2} \quad\quad 3.1$
$\parallel$
$\dfrac{35}{10}$
$\parallel$
3.5

03 $\left(-\dfrac{2}{9}\right) + (+0.4)$

$\left|-\dfrac{2}{9}\right| \bigcirc\!\!<\, |+0.4|$
$\dfrac{2}{9} \quad\quad 0.4$
$\parallel \quad\quad \parallel$
$\dfrac{2}{9} \quad\quad \dfrac{4}{10}$
$\parallel \quad\quad \parallel$
$\dfrac{10}{45} \quad \dfrac{2}{5} = \dfrac{18}{45}$

04 $\left(-\dfrac{9}{11}\right) + \left(+\dfrac{5}{6}\right)$

$\left|-\dfrac{9}{11}\right| \bigcirc\!\!<\, \left|+\dfrac{5}{6}\right|$
$\dfrac{9}{11} \quad\quad \dfrac{5}{6}$
$\parallel \quad\quad \parallel$
$\dfrac{54}{66} \quad\quad \dfrac{55}{66}$

05 $\left(-\dfrac{13}{20}\right) + (+0.57)$

$\left|-\dfrac{13}{20}\right| \bigcirc\!\!>\, |+0.57|$
$\dfrac{13}{20} \quad\quad 0.57$
$\parallel$
$\dfrac{65}{100}$
$\parallel$
0.65

06 $\left(+\dfrac{15}{4}\right) + (-2.8)$

$\left|+\dfrac{15}{4}\right| \bigcirc\!\!>\, |-2.8|$
$\dfrac{15}{4} \quad\quad 2.8$
$\parallel$
$\dfrac{375}{100}$
$\parallel$
3.75

개념 마무리 1
빈칸을 채우며 계산하세요.

01 $\left(+\dfrac{1}{8}\right)-(+2.425)$

$=\left(+\dfrac{1}{8}\times\dfrac{\boxed{125}}{\boxed{125}}\right)-(+2.425)$

$=\left(+\dfrac{\boxed{125}}{1000}\right)-(+2.425)$

$=(+\boxed{0.125})-(+2.425)$

$=(+\boxed{0.125})\boxed{+}(\boxed{-}\,2.425)$

$=\boxed{-}\boxed{2.3}$ ◀ 소수로

02 $\left(-\dfrac{5}{9}\right)-(+0.3)$

$=\left(-\dfrac{5}{9}\right)-\left(+\dfrac{\boxed{3}}{10}\right)$

$=\left(-\dfrac{5}{9}\times\dfrac{\boxed{10}}{\boxed{10}}\right)-\left(+\dfrac{3}{10}\times\dfrac{9}{9}\right)$

$=\left(-\dfrac{\boxed{50}}{90}\right)-\left(+\dfrac{\boxed{27}}{90}\right)$

$=\left(-\dfrac{\boxed{50}}{90}\right)\boxed{+}\left(\boxed{-}\dfrac{\boxed{27}}{90}\right)$

$=\boxed{-}\dfrac{\boxed{77}}{90}$ ◀ 기약분수로

03 $(-1.44)-\left(+\dfrac{5}{4}\right)$

$=(-1.44)-\left(+\dfrac{5}{4}\times\dfrac{\boxed{25}}{\boxed{25}}\right)$

$=(-1.44)-\left(+\dfrac{\boxed{125}}{100}\right)$

$=(-1.44)-(+1.25)$

$=(-1.44)+\left(\boxed{-}\boxed{1.25}\right)$

$=\boxed{-}\boxed{2.69}$ ◀ 소수로

04 $(-0.7)-\left(+\dfrac{14}{15}\right)$

$=\left(-\dfrac{7}{10}\right)-\left(+\dfrac{14}{15}\right)$

$=\left(-\dfrac{\boxed{21}}{30}\right)-\left(+\dfrac{\boxed{28}}{30}\right)$

$=\left(-\dfrac{\boxed{21}}{30}\right)+\left(\boxed{-}\dfrac{\boxed{28}}{30}\right)$

$=\boxed{-}\dfrac{\boxed{49}}{30}$ ◀ 기약분수로

개념 마무리 2
계산해 보세요.

01 $(-2.3)-\left(-\dfrac{6}{5}\right)$

$=(-2.3)-\left(-\dfrac{12}{10}\right)$

$=(-2.3)-(-1.2)$

$=(-2.3)+(+1.2)$

$=-1.1$

답: -1.1 또는 $-\dfrac{11}{10}$

02 $(+1.8)-\left(+\dfrac{9}{4}\right)$

$=(+1.8)-\left(+\dfrac{225}{100}\right)$

$=(+1.8)-(+2.25)$

$=(+1.8)+(-2.25)$

$=-0.45$

답: -0.45 또는 $-\dfrac{9}{20}$

03 $\left(-\dfrac{3}{8}\right)-(-2)$

$=\left(-\dfrac{375}{1000}\right)-(-2)$

$=(-0.375)-(-2)$

$=(-0.375)+(+2)$

$=+1.625$

답: $+1.625$ 또는 $+\dfrac{13}{8}$

04 $(-3.5)+\left(-\dfrac{7}{20}\right)$

$=(-3.5)+\left(-\dfrac{35}{100}\right)$

$=(-3.5)+(-0.35)$

$=-3.85$

답: -3.85 또는 $-\dfrac{77}{20}$

05 $(+0.2)-\left(+\dfrac{9}{12}\right)$

$=(+0.2)-\left(+\dfrac{3}{4}\right)$

$=(+0.2)-\left(+\dfrac{75}{100}\right)$

$=(+0.2)-(+0.75)$

$=(+0.2)+(-0.75)$

$=-0.55$

답: -0.55 또는 $-\dfrac{11}{20}$

06 $(-3.3)-\left(+\dfrac{40}{25}\right)$

$=(-3.3)-\left(+\dfrac{8}{5}\right)$

$=(-3.3)-\left(+\dfrac{16}{10}\right)$

$=(-3.3)-(+1.6)$

$=(-3.3)+(-1.6)$

$=-4.9$

답: -4.9 또는 $-\dfrac{49}{10}$

127쪽 풀이   또 다른 풀이법 → 두 수를 분수로 바꿔서 계산해도 됩니다.

01 $(-2.3)-\left(-\dfrac{6}{5}\right)$

$=\left(-\dfrac{23}{10}\right)-\left(-\dfrac{6}{5}\right)$

$=\left(-\dfrac{23}{10}\right)-\left(-\dfrac{12}{10}\right)$

$=\left(-\dfrac{23}{10}\right)+\left(+\dfrac{12}{10}\right)$

$=-\dfrac{11}{10}$

02 $(+1.8)-\left(+\dfrac{9}{4}\right)$

$=\left(+\dfrac{18}{10}\right)-\left(+\dfrac{9}{4}\right)$

$=\left(+\dfrac{9}{5}\right)-\left(+\dfrac{9}{4}\right)$

$=\left(+\dfrac{36}{20}\right)-\left(+\dfrac{45}{20}\right)$

$=\left(+\dfrac{36}{20}\right)+\left(-\dfrac{45}{20}\right)$

$=-\dfrac{9}{20}$

03 $\left(-\dfrac{3}{8}\right)-(-2)$

$=\left(-\dfrac{3}{8}\right)-\left(-\dfrac{16}{8}\right)$

$=\left(-\dfrac{3}{8}\right)+\left(+\dfrac{16}{8}\right)$

$=+\dfrac{13}{8}$

04 $(-3.5)+\left(-\dfrac{7}{20}\right)$

$=\left(-\dfrac{35}{10}\right)+\left(-\dfrac{7}{20}\right)$

$=\left(-\dfrac{70}{20}\right)+\left(-\dfrac{7}{20}\right)$

$=-\dfrac{77}{20}$

05 $(+0.2)-\left(+\dfrac{9}{12}\right)$

$=\left(+\dfrac{2}{10}\right)-\left(+\dfrac{9}{12}\right)$

$=\left(+\dfrac{1}{5}\right)-\left(+\dfrac{3}{4}\right)$

$=\left(+\dfrac{4}{20}\right)-\left(+\dfrac{15}{20}\right)$

$=\left(+\dfrac{4}{20}\right)+\left(-\dfrac{15}{20}\right)$

$=-\dfrac{11}{20}$

06 $(-3.3)-\left(+\dfrac{40}{25}\right)$

$=\left(-\dfrac{33}{10}\right)-\left(+\dfrac{40}{25}\right)$

$=\left(-\dfrac{33}{10}\right)-\left(+\dfrac{8}{5}\right)$

$=\left(-\dfrac{33}{10}\right)-\left(+\dfrac{16}{10}\right)$

$=\left(-\dfrac{33}{10}\right)+\left(-\dfrac{16}{10}\right)$

$=-\dfrac{49}{10}$

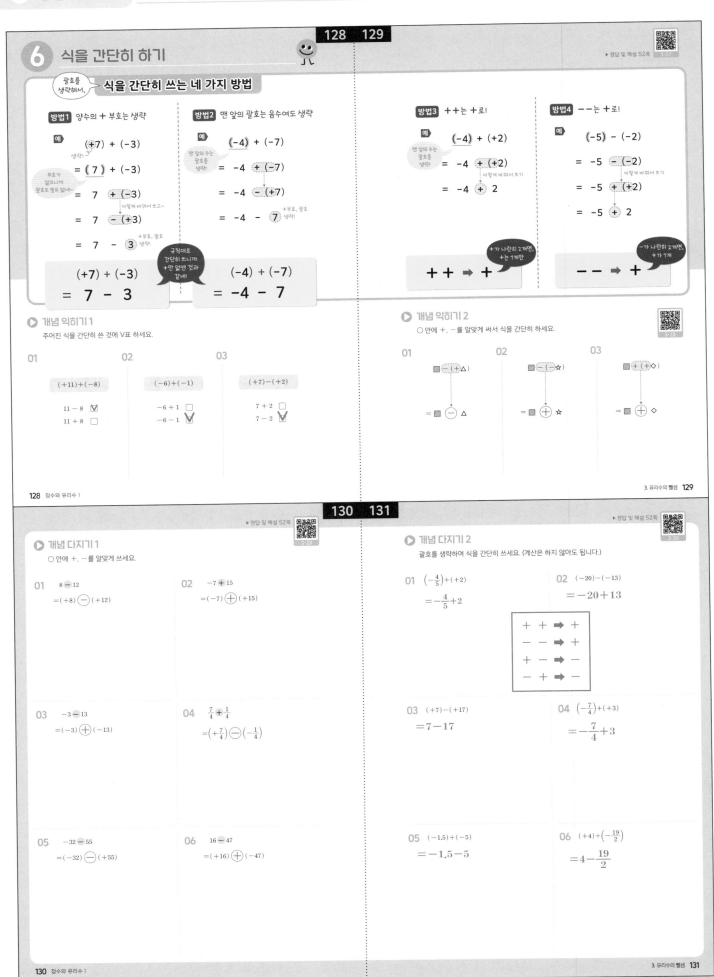

▶정답 및 해설 53쪽

▶ **개념 마무리 1**

생략된 괄호를 되살려서 덧셈식으로 바꿔 쓰세요.

01　$-\dfrac{8}{7}-11$

$=\left(-\dfrac{8}{7}\right)\bigcirc\left(\bigoplus 11\right)$

$=\left(-\dfrac{8}{7}\right)+\left(\bigominus 11\right)$

02　$-101+103$

$=(-101)+\left(\bigoplus 103\right)$

03　$96-10$

$=\left(\bigoplus 96\right)\bigominus\left(\bigoplus 10\right)$

$=\left(\bigoplus 96\right)+\left(\bigominus 10\right)$

04　$-4-15$

$=\left(\bigominus 4\right)\bigominus\left(\bigoplus 15\right)$

$=\left(\bigominus 4\right)+\left(\bigominus 15\right)$

05　$-0.7+16$

$=(-0.7)+(+16)$

06　$\dfrac{3}{10}-2$

$=\left(+\dfrac{3}{10}\right)-(+2)$

$=\left(+\dfrac{3}{10}\right)+(-2)$

▶정답 및 해설 53쪽

▶ **개념 마무리 2**

셋 중에서 다른 식 하나를 찾아 ×표 하세요.

＊ 식을 간단히 써서 비교합니다.

01

$(-10)+7$ 　(　)

$=-10+7$

$(-10)+(+7)$ 　(　)

$=-10+7$

$(-10)-(+7)$ 　(×)

$=-10-7$

02

$(+4)-(+12)$ 　(　)

$=4-12$

$4-(+12)$ 　(　)

$=4-12$

$4+(+12)$ 　(×)

$=4+12$

03

$8-(-3)$ 　(　)

$=8+3$

$8+(-3)$ 　(×)

$=8-3$

$8+(+3)$ 　(　)

$=8+3$

04

$-6-(+9)$ 　(　)

$=-6-9$

$-6+(-9)$ 　(　)

$=-6-9$

$(-6)-(-9)$ 　(×)

$=-6+9$

05

$10+(-100)$ 　(　)

$=10-100$

$(+10)-(-100)$ 　(×)

$=10+100$

$(+10)-100$ 　(　)

$=10-100$

06

$(-37)-(+41)$ 　(×)

$=-37-41$

$-37+(+41)$ 　(　)

$=-37+41$

$(-37)-(-41)$ 　(　)

$=-37+41$

7　괄호가 없는 식의 계산

▶정답 및 해설 53쪽

△ + □

예　$2 + 3 = 5$

(양수) + (양수) = (양수)

> 양수끼리의 덧셈은 초등에서 배운 것과 똑같네~

△ − □

예　$1 - \dfrac{3}{5} = \dfrac{2}{5}$

(큰 수) − (작은 수) = (양수)

> 빼기는, 작은 수를 빼는지 큰 수를 빼는지 잘 봐야 해!

$1 - \dfrac{9}{5} = -\dfrac{4}{5}$

(작은 수) − (큰 수) = (음수)

−△ − □

예　$-1-1.5 = -2.5$

(음수)에서　(양수)를 빼면,　(음수)

$(-2)-(3) = -5$

작은 수　큰 수

> 작은 수에서 큰 수를 빼니까 음수!

−△ + □

예　$-1+0.6 = -0.4$

(음수)에서　(양수)를 조금 더하면,　(음수)

$-1+1.4 = 0.4$

(음수)에서　(양수)를 많이 더하면,　(양수)

▶ **개념 익히기 1**

○ 안에 ＞, ＜를 알맞게 쓰세요.

01　$-4-8 \bigcirc 0$　→　$-4-8 \,<\, 0$

(작은 수) − (큰 수)
→ 음수

02　$6-3 \bigcirc 0$　→　$6-3 \,>\, 0$

(큰 수) − (작은 수)
→ 양수

03　$2-7 \bigcirc 0$　→　$2-7 \,<\, 0$

(작은 수) − (큰 수)
→ 음수

▶ **개념 익히기 2**

계산 결과로 알맞은 것에 ○표 하세요.

01

음수 $-3 =$ 　양수 / 음수 / 알 수 없음

(음수) − (양수)
→ 음수

02

음수 $+10 =$ 　양수 / 음수 / 알 수 없음

예 $-1+10 →$ 양수
$-20+10 →$ 음수
➡ 알 수 없음

03

음수 $-4 =$ 　양수 / 음수 / 알 수 없음

(음수) − (양수)
→ 음수

정답 및 해설　**53**

136   137

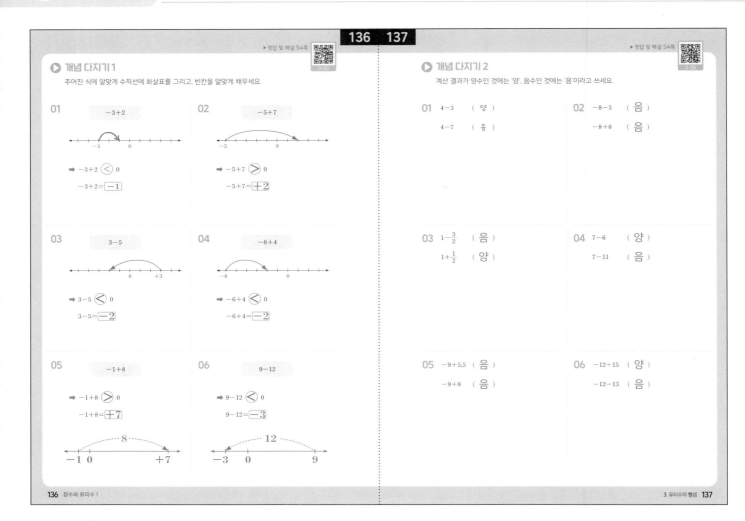

137쪽 풀이

01   4−3

4−7
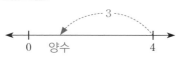

02   −8−3

−8+6
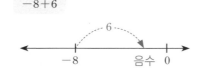

03   $1-\dfrac{3}{2}$

$1+\dfrac{1}{2}$
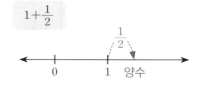

04   7−6

7−11
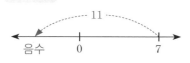

05   −9+5.5

−9+8

06   −12+15

−12−13
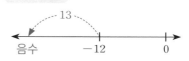

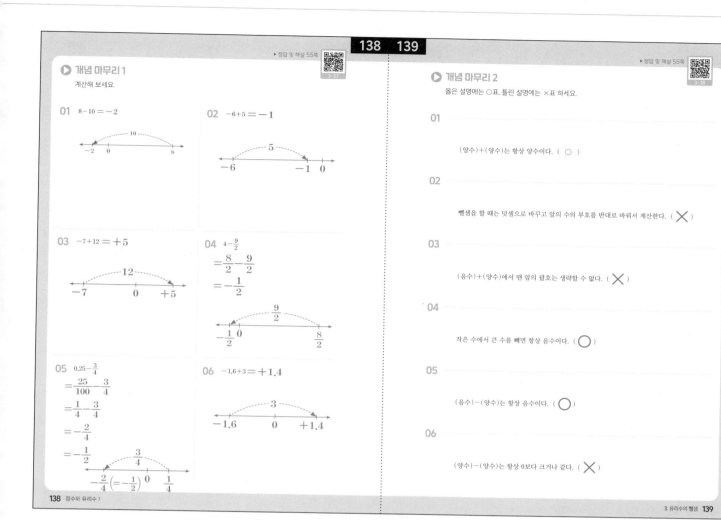

개념 마무리 1

계산해 보세요.

01 $8-10=-2$

02 $-6+5=-1$

03 $-7+12=+5$

04 $4-\dfrac{9}{2}$
$=\dfrac{8}{2}-\dfrac{9}{2}$
$=-\dfrac{1}{2}$

05 $0.25-\dfrac{3}{4}$
$=\dfrac{25}{100}-\dfrac{3}{4}$
$=\dfrac{1}{4}-\dfrac{3}{4}$
$=-\dfrac{2}{4}$
$=-\dfrac{1}{2}$

06 $-1.6+3=+1.4$

개념 마무리 2

옳은 설명에는 ○표, 틀린 설명에는 ×표 하세요.

01 (양수)+(양수)는 항상 양수이다. (○)

02 뺄셈을 할 때는 덧셈으로 바꾸고 앞의 수의 부호를 반대로 바꿔서 계산한다. (×)

03 (음수)+(양수)에서 맨 앞의 괄호는 생략할 수 없다. (×)

04 작은 수에서 큰 수를 빼면 항상 음수이다. (○)

05 (음수)-(양수)는 항상 음수이다. (○)

06 (양수)-(양수)는 항상 0보다 크거나 같다. (×)

[139쪽 풀이]

01 (양수)+(양수)는 항상 양수이다. (○)

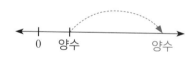

02 뺄셈을 할 때는 덧셈으로 바꾸고 ~~앞~~의 수의 부호를 반대로 바꿔서 계산한다. (×)
뒤

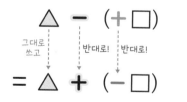 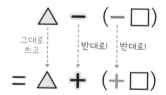

03 (음수)+(양수)에서 맨 앞의 괄호는 생략할 수 ~~없다~~ (×)
있다

05 (음수)-(양수)는 항상 음수이다. (○)

06 (양수)-(양수)는 항상 0보다 크거나 같다. (×)
→ $4-7=-3$과 같이 계산 결과가 음수인 경우도 있음

04 작은 수에서 큰 수를 빼면 항상 음수이다. (○)

(작은 수)-(큰 수) → (음수)

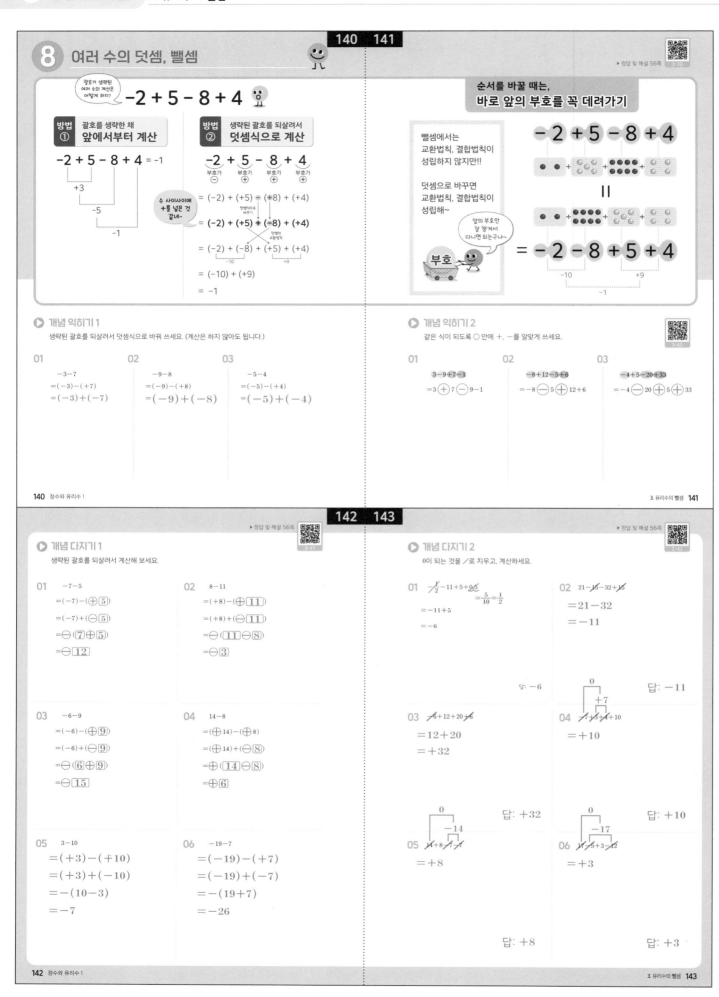

▶ 개념 마무리 1

계산해 보세요.

* 계산하기 쉬운 다른 방법을
사용해도 됩니다.

01 $10-15+5-2=-2$

$$-10$$
$$0$$
$$-2$$

02 $-7+21-4+10=+20$

$$-11$$
$$+10$$
$$+20$$

03 $21-7-8+34=+40$

$$-15$$
$$+55$$
$$+40$$

04 $-19+2+8-41=-50$

$$+10$$
$$-60$$
$$-50$$

05 $2-0.25+1-0.75=+2$

$$+3$$
$$-1$$
$$+2$$

06 $4-\dfrac{1}{2}+\dfrac{5}{2}-2+3=+7$

$$+\dfrac{4}{2}=+2$$
$$0$$
$$+7$$

▶ 개념 마무리 2

빈칸에 알맞은 수를 구하세요.

01 $\dfrac{21}{5}+\square-3.2=2$

➡ $\square=1$

＊ 분수로 바꿔서
  계산해도 됩니다.

$\dfrac{21}{5}+\square-3.2=2$

$\dfrac{42}{10}+\square-3.2=2$

$4.2-3.2+\square=2$

$1+\square=2$

$\square=1$

$\dfrac{21}{5}+\square-\dfrac{32}{10}=2$

$\dfrac{42}{10}-\dfrac{32}{10}+\square=2$

$\dfrac{10}{10}+\square=2$

$1+\square=2$

$\square=1$

02 $4.5-\square=-1.5$

➡ $\square=6$

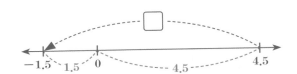

03 $\square+\dfrac{11}{6}=\dfrac{1}{6}$

➡ $\square=-\dfrac{5}{3}$

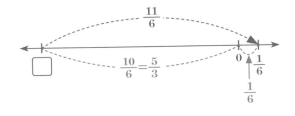

04 $\square-4-10=8$

➡ $\square=22$

$\square-4-10=8$
$\square-14=8$

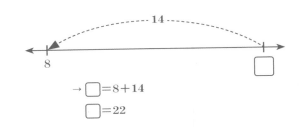

$\rightarrow \square=8+14$
$\square=22$

05 $1-\dfrac{1}{4}+\square=\dfrac{5}{4}$

➡ $\square=\dfrac{1}{2}$

$1-\dfrac{1}{4}+\square=\dfrac{5}{4}$

$\dfrac{3}{4}+\square=\dfrac{5}{4}$

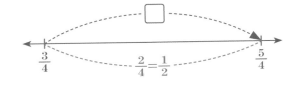

06 $2-13-\square+20=12$

➡ $\square=-3$

$2-13-\square+20=12$
$-11-\square+20=12$
$9-\square=12$

수직선을 식으로 나타내면
$9+(+3)=12$
$\rightarrow 9-(-3)=12$

‖
$9-\square=12$
$\rightarrow \square=-3$

01 주어진 식을 덧셈식으로 바꿔 쓰면,

$$(-2)-(-1)$$
$$=(-2)+(+1)$$

답 ⑤

02 ① 빼야 하는 바둑돌을 똑같이 그리고,

② 반대 색의 바둑돌을 같은 개수만큼 그리기

03

$$(-9)-(+14)$$
$$=(-9)+(-14)$$
$$=-(9+14)$$
$$=-23$$

답 -23

04

$(+5)$에서 (-3)을 빼기

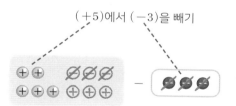

→ 흰 돌 8개가 남았으므로, 계산 결과는 $+8$

따라서, 그림을 식으로 나타내면 $(+5)-(-3)=+8$

답 ③

146

3. 유리수의 뺄셈 　　**단원 마무리**

01 다음 중 $(-2)-(-1)$과 계산 결과가 같은 식은? **⑤**
① $(+2)-(+1)$
② $(-2)-(+1)$
③ $(-2)+(-1)$
④ $(+2)+(+1)$
⑤ $(-2)+(+1)$

02 흰 돌은 $+1$, 검은 돌은 -1을 나타냅니다. 뺄셈을 할 수 있도록 □ 안에 바둑돌을 알맞게 그려 넣으시오. (단, 바둑돌을 가장 적게 사용하는 방법이어야 합니다.)

$(+1)$　　(-2)

03 다음을 계산하시오.
$$(-9)-(+14)=-23$$

04 다음 그림으로 설명할 수 있는 뺄셈식은? **③**
(흰 돌은 $+1$, 검은 돌은 -1을 나타냅니다.)

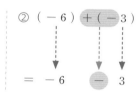

① $(+5)-(+3)=+3$
② $(+5)-(+3)=+8$
③ $(+5)-(-3)=+8$
④ $(+5)-(-3)=+3$
⑤ $(+8)-(-3)=+5$

05 다음 중 괄호를 생략하여 간단히 쓴 것으로 옳지 않은 것은? **④**
① $(+10)+(-3)=10-3$
② $(-6)+(-3)=-6-3$
③ $(+5)-(+7)=5-7$
④ $(-12)-(-11)=-12-11$
⑤ $(-31)-(+7)=-31-7$

146 정수와 유리수 1

---

05 ① $(+10)$ $+($ $-3)$

　　$=$ 　10　 $-$　3

② (-6) $+($ $-3)$

　　$=-6$ $-$ 3

③ $(+5)$ $-(+7)$

　　$=$ 　5　 $-$　7

④ (-12) $-(-11)$

　　$=-12$ $+$ 11

⑤ (-31) $-(+7)$

　　$=-31$ $-$ 7

답 ④

147쪽 풀이

06

$\to$ -7에서 오른쪽으로 7보다 더 많이 가야 양수가 됨

따라서, 보기에서 $\square$ 안에 들어갈 수 있는 수는 8

답 ⑤

07
$$\left(-\frac{5}{12}\right)-\left(-\frac{1}{6}\right)=\left(-\frac{5}{12}\right)-\left(-\frac{2}{12}\right)$$
$$=\left(-\frac{5}{12}\right)+\left(+\frac{2}{12}\right)$$
$$=-\left(\frac{5}{12}-\frac{2}{12}\right)$$
$$=-\frac{3}{12}$$
$$=-\frac{1}{4}$$

답 $-\frac{1}{4}$

147쪽 (오른쪽 상단)

▶정답 및 해설 59~60쪽

06 다음 식에서 빈칸에 들어갈 수 있는 수는? ⑤

$$-7 + \square > 0$$

① 4　　② 5
③ 6　　④ 7
⑤ 8

07 다음을 계산하여 기약분수로 나타내시오.

$$\left(-\frac{5}{12}\right)-\left(-\frac{1}{6}\right)=-\frac{1}{4}$$

08 다음 중 계산한 값의 부호가 다른 하나는? ③

① $\left(+\frac{5}{6}\right)-\left(-\frac{1}{6}\right)$

② $\left(+\frac{1}{4}\right)+\left(+\frac{2}{3}\right)$

③ $\left(+\frac{3}{5}\right)-\left(+\frac{7}{10}\right)$

④ $(+2)+\left(+\frac{4}{5}\right)$

⑤ $(+8)-(-4)$

09 다음 계산 과정 중 처음으로 틀린 곳을 찾아 기호를 쓰시오. ㉡

$$-13 + 15 - 12 + 3　㉠$$
$$=-13 - 12 + 15 + 3　㉡$$
$$=-1 + 15 + 3　㉢$$
$$=-1 + 18　㉣$$
$$=18 - 1　㉤$$
$$=17$$

10 다음 수 중에서 가장 큰 수를 a, 가장 작은 수를 b라고 할 때, $a-b$의 값을 구하시오.

$$+2.5　　-\frac{5}{2}　　-0.5　　+1　　-1$$

$$+5$$

08

① $\left(+\frac{5}{6}\right)-\left(-\frac{1}{6}\right)$

$=\left(+\frac{5}{6}\right)+\left(+\frac{1}{6}\right)$

(양수)＋(양수) → 양수

② $\left(+\frac{1}{4}\right)+\left(+\frac{2}{3}\right)$

(양수)＋(양수) → 양수

③ $\left(+\frac{3}{5}\right)-\left(+\frac{7}{10}\right)$

$=\left(+\frac{6}{10}\right)-\left(+\frac{7}{10}\right)$

(작은 수)－(큰 수) → 음수

④ $(+2)+\left(+\frac{4}{5}\right)$

(양수)＋(양수) → 양수

⑤ $(+8)-(-4)$

$=(+8)+(+4)$

(양수)＋(양수) → 양수

답 ③

09

$$-13 + 15 - 12 + 3　㉠ (○)$$
$$=-13 - 12 + 15 + 3　㉡ (×)$$
$$\underbrace{-25}$$
$$=-25 + 15 + 3$$
$$=-1 + 18$$
$$=17$$

<올바른 계산>
$$-13 + 15 - 12 + 3$$
$$=-13 - 12 + 15 + 3$$
$$=-25 + 15 + 3$$
$$=-10 + 3$$
$$=-7$$

답 ㉡

10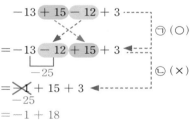

$$+2.5　　-\frac{5}{2}　　-0.5　　+1　　-1$$

$$-\frac{25}{10}=-2.5$$

가장 큼　　가장 작음
a　　　　　b

$\to a-b=(+2.5)-\left(-\frac{5}{2}\right)$

$=(+2.5)-(-2.5)$

$=(+2.5)+(+2.5)$

$=+5$

답 $+5$

11

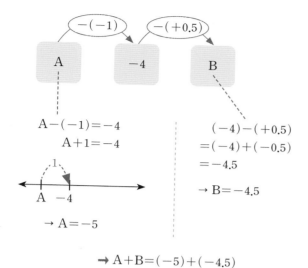

$$A-(-1)=-4$$
$$A+1=-4$$

$$(-4)-(+0.5)$$
$$=(-4)+(-0.5)$$
$$=-4.5$$

$$\to B=-4.5$$

$$\to A=-5$$

$$\to A+B=(-5)+(-4.5)$$
$$=-9.5$$

답 -9.5

12
$$\frac{2}{14}+0.6-\frac{8}{7}+2.4-2$$
$$=\frac{1}{7}+0.6-\frac{8}{7}+2.4-2=0$$

답 0

---

13 $|a+2|=4$이므로, $a+2=+4$ 또는 $a+2=-4$

• $a+2=+4$일 때
$$a=+2$$

• $a+2=-4$일 때

$$\to a=-6$$

→ 따라서, a의 값 중 가장 작은 것은 -6

답 -6

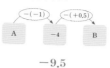

단원 마무리

11 다음 그림과 같이 화살표를 따라서 계산할 때, A+B의 값을 구하시오.

$$-9.5$$

12 다음을 계산하시오.
$$\frac{2}{14}+0.6-\frac{8}{7}+2.4-2=0$$

13 $|a+2|=4$일 때, a의 값 중 가장 작은 것을 구하시오.

$$-6$$

14 어떤 유리수에서 -8을 빼야할 것을 잘못하여 더했더니 그 결과가 $+4$가 되었습니다. 바르게 계산한 값을 구하시오.

$$+20$$

15 두 수 a, b에 대하여 $|a|=8$, $|b|=3$일 때, $a-b$의 값이 될 수 <u>없는</u> 수는? ①
 ✔① 16 ② 5
 ③ -5 ④ 11
 ⑤ -11

16 정수 a에서 4를 빼면 양수가 되고, 8을 빼면 음수가 됩니다. a의 값으로 알맞은 수를 모두 쓰시오.

$$+5, +6, +7$$

14

어떤 유리수에서 -8을 빼야 할 것을 잘못하여 더했더니 그 결과가 $+4$가 됨

어떤 유리수를 ▢라고 하면,
$$\to ▢+(-8)=+4$$

원래는 어떤 유리수에서 -8을 빼야 하므로,
바르게 계산한 결과는
$$(+12)-(-8)=(+12)+(+8)$$
$$=+20$$

답 $+20$

148쪽 풀이

15 $|a|=8 \rightarrow a=+8$ 또는 $a=-8$

$|b|=3 \rightarrow b=+3$ 또는 $b=-3$

- $a=+8, b=+3$일 때

$a-b=(+8)-(+3)$
$=(+8)+(-3)$
$=+5$

- $a=+8, b=-3$일 때

$a-b=(+8)-(-3)$
$=(+8)+(+3)$
$=+11$

- $a=-8, b=+3$일 때

$a-b=(-8)-(+3)$
$=(-8)+(-3)$
$=-11$

- $a=-8, b=-3$일 때

$a-b=(-8)-(-3)$
$=(-8)+(+3)$
$=-5$

따라서, $a-b$의 값이 될 수 없는 것은 ① 16

目 ①

16

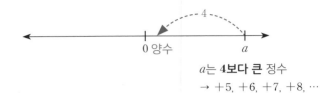

$a-4 \rightarrow$ 양수

a는 **4보다 큰** 정수
$\rightarrow +5, +6, +7, +8, \cdots$

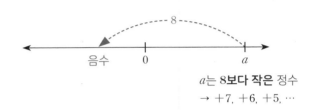

$a-8 \rightarrow$ 음수

a는 **8보다 작은** 정수
$\rightarrow +7, +6, +5, \cdots$

$\rightarrow$ a가 될 수 있는 수는 $+5, +6, +7$

目 $+5, +6, +7$

149쪽 풀이

17

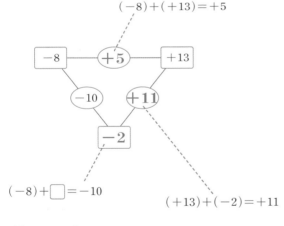

$(-8)+(+13)=+5$

$(-8)+\square=-10$

$(+13)+(-2)=+11$

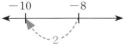

왼쪽으로 2만큼 가야 함
$\rightarrow \square=-2$

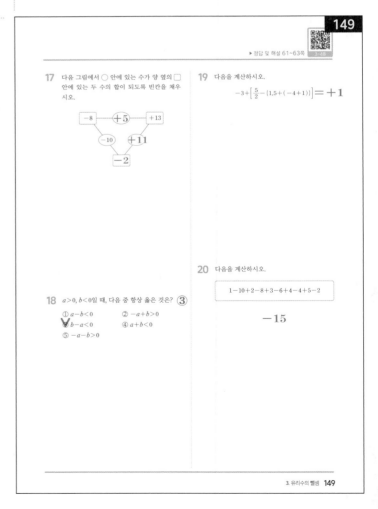

149
▶ 정답 및 해설 61~63쪽

17 다음 그림에서 ○ 안에 있는 수가 양 옆의 □ 안에 있는 두 수의 합이 되도록 빈칸을 채우시오.

-8 — +5 — +13
-10　+11
-2

18 $a>0, b<0$일 때, 다음 중 항상 옳은 것은? ③
① $a-b<0$　　② $-a+b>0$
③ $b-a<0$　　④ $a+b<0$
⑤ $-a-b>0$

19 다음을 계산하시오.
$-3+\left[\frac{5}{2}-\{1.5+(-4+1)\}\right]=+1$

20 다음을 계산하시오.
$1-10+2-8+3-6+4-4+5-2$
-15

3. 유리수의 뺄셈 **149**

18 a는 $\oplus$, b는 $\ominus$

---

① $a-b<0$ ($\times$)

→ $\oplus-\ominus$

→ $\oplus+\oplus$

→ $\oplus$

---

② $-a+b>0$ ($\times$)

→ $-\oplus+\ominus$

→ $\ominus+\ominus$

→ $\ominus$

---

③ $b-a<0$ ($\bigcirc$)

→ $\ominus-\oplus$

→ $\ominus+\ominus$

→ $\ominus$

---

④ $a+b<0$ ($\times$)

→ $\oplus+\ominus$

→ 계산 결과의 부호는 절댓값이 더 큰 수의 부호를 따라 결정됨 따라서, 0보다 큰지 작은지 알 수 없음

---

⑤ $-a-b>0$ ($\times$)

→ $-\oplus-\ominus$

→ $\ominus+\oplus$

→ 계산 결과의 부호는 절댓값이 더 큰 수의 부호를 따라 결정됨 따라서, 0보다 큰지 작은지 알 수 없음

답 ③

---

19 (소괄호), {중괄호}, [대괄호] 순서로 계산합니다.

$$-3+\left[\frac{5}{2}-\{1.5+(\underaccent{\sim}{-4+1})\}\right]$$

$$=-3+\left[\frac{5}{2}-\{\underaccent{\sim}{1.5+(-3)}\}\right]$$

$$=-3+\left\{\frac{5}{2}-(-1.5)\right\}$$

$$=-3+\left\{\frac{5}{2}+(+1.5)\right\}$$

$$=-3+\{\underaccent{\sim}{2.5+(+1.5)}\}$$

$$=-3+(+4)$$

$$=+1$$

답 $+1$

---

20 * 양수끼리, 음수끼리 모으고, 0이 되는 것을 먼저 지우면 쉽게 계산할 수 있습니다.

$$1-10+2-8+3-6+4-4+5-2$$

$$=1+2+3+4+5-10-8-6-4-2$$

$$=1+\cancel{2}+\cancel{3}+\cancel{4}+\cancel{5}-10-\cancel{8}-6-\cancel{4}-\cancel{2}$$

$$=1-10-6$$

$$=-9-6$$

$$=-15$$

답 -15

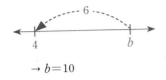

150쪽 풀이

21 • a 구하기

$$5-8+a=-3$$
$$-3+a=-3$$
$$a=0$$

• b 구하기

$$b-6=-3+7$$
$$b-6=4$$

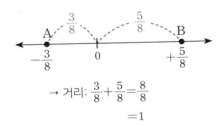

$$\rightarrow b=10$$

$$\blacktriangleright a-b=0-10$$
$$=-10$$

답 -10

22 (1) 두 점 A와 B 사이의 거리?

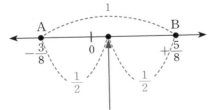

$$\rightarrow 거리: \frac{3}{8}+\frac{5}{8}=\frac{8}{8}$$
$$=1$$

답 1

(2) 두 점 A와 B에서 같은 거리만큼 떨어진 점?

이 점에 대응하는 수는

$+\frac{5}{8}$에서 왼쪽으로 $\frac{1}{2}$만큼 간 수

$$\rightarrow \left(+\frac{5}{8}\right)+\left(-\frac{1}{2}\right)=\left(+\frac{5}{8}\right)+\left(-\frac{4}{8}\right)$$
$$=+\frac{1}{8}$$

또는 $-\frac{3}{8}$에서 오른쪽으로 $\frac{1}{2}$만큼 간 수

$$\rightarrow \left(-\frac{3}{8}\right)+\left(+\frac{1}{2}\right)=\left(-\frac{3}{8}\right)+\left(+\frac{4}{8}\right)$$
$$=+\frac{1}{8}$$

답 $+\frac{1}{8}$

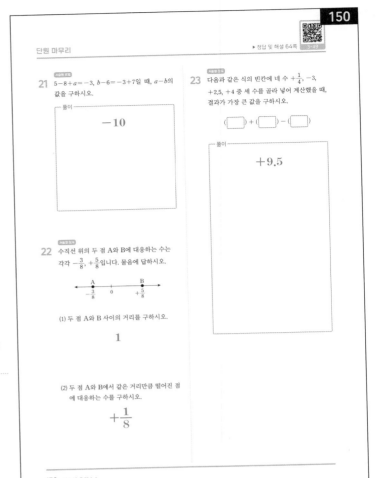

단원 마무리

▶정답 및 해설 64쪽

21 서술형 도전 $5-8+a=-3$, $b-6=-3+7$일 때, $a-b$의 값을 구하시오.

풀이

$$-10$$

22 서술형 도전 수직선 위의 두 점 A와 B에 대응하는 수는 각각 $-\frac{3}{8}$, $+\frac{5}{8}$입니다. 물음에 답하시오.

(1) 두 점 A와 B 사이의 거리를 구하시오.

$$1$$

(2) 두 점 A와 B에서 같은 거리만큼 떨어진 점에 대응하는 수를 구하시오.

$$+\frac{1}{8}$$

23 다음과 같은 식의 빈칸에 네 수 $+\frac{1}{4}$, -3, $+2.5$, $+4$ 중 세 수를 골라 넣어 계산했을 때, 결과가 가장 큰 값을 구하시오.

$$(\boxed{})+(\boxed{})-(\boxed{})$$

풀이

$$+9.5$$

23 덧셈에서는 더하는 두 수가 클수록 합이 커지고, 뺄셈에서는 더 큰 수에서 더 작은 수를 뺄수록 차가 커짐

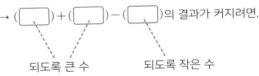

$\rightarrow (\boxed{})+(\boxed{})-(\boxed{})$의 결과가 커지려면,

되도록 큰 수   되도록 작은 수

$+\frac{1}{4}$, -3, $+2.5$, $+4$의 크기를 비교해 보면,

$+\frac{1}{4}$
$\parallel$
$+0.25$

$$-3 < +\frac{1}{4} < +2.5 < +4$$
가장   가장
작음   큼

따라서, $(\boxed{+4})+(\boxed{+2.5})-(\boxed{-3})$일 때 계산 결과가 가장 큼

$$\rightarrow (+4)+(+2.5)-(-3)=(+4)+(+2.5)+(+3)$$
$$=(+6.5)+(+3)$$
$$=+9.5$$

답 $+9.5$